普通高等教育"十一五"国家级规划教材

21世纪计算机科学与技术实践型教程

李雁翎 孙晓慧 编著

# Visual Basic程序设计
## （第3版）

丛书主编 陈明

U0390823

清华大学出版社

北京

## 内 容 简 介

随着信息化的发展,大数据时代的到来,计算思维能力的培养已成为计算机教育界关注热点。为配合高校计算机基础教学改革,适应计算思维能力需求,本教材围绕非计算机专业计算机基础课程的教学实际设计教学思路,并结合计算机二级考试大纲,安排教材体例和组织教材的内容,力求全面、简明地介绍 Visual Basic 程序设计语言编程方法。

本书以面向对象程序设计方法为主线,兼顾结构化程序设计方法,介绍 Visual Basic 编程基础知识和程序设计方法;介绍基本控件、常用控件、数组控件、ActiveX 控件的使用;介绍简单变量、数组变量、文件、数据库技术在程序中的常用方法;介绍多媒体技术、图形操作、菜单设计、工具栏设计、API 函数和多文档界面等相关知识。

本书特色鲜明,实例丰富,实用性强,体系清晰,深入浅出,精编精讲,尽量将复杂的问题简单化,案例程序功能力求完善,介绍的设计手段尽量简捷。各章节层次分明,知识点全面,通俗易懂,循序渐进,实用性强,尤其注重计算机设计能力的培养。

本书可作为高等院校非计算机专业学习 Visual Basic 程序设计的教材,也可作为有关技术培训的教材,以及程序设计初学者的自学用书。

为更好地配合本教材的学习,本书配有《Visual Basic 程序设计习题解答和上机指导》以及包含电子教案、例题和实验软件的电子素材库。

**图书在版编目(CIP)数据**

Visual Basic 程序设计/李雁翎,孙晓慧编著. —3 版. —北京:清华大学出版社,2014(2019.7重印)
21 世纪计算机科学与技术实践型教程
ISBN 978-7-302-35724-7

Ⅰ. ①V… Ⅱ. ①李… ②孙… Ⅲ. ①BASIC 语言—程序设计—高等学校—教材 Ⅳ. ①TP312

中国版本图书馆 CIP 数据核字(2014)第 060803 号

责任编辑:谢 琛
封面设计:傅瑞学
责任校对:白 蕾
责任印制:刘祎淼

出版发行:清华大学出版社
网　　　　址:http://www.tup.com.cn,http://www.wqbook.com
地　　　　址:北京清华大学学研大厦 A 座　　　　邮　　编:100084
社　总　机:010-62770175　　　　邮　　购:010-62786544
投稿与读者服务:010-62776969,c-service@tup.tsinghua.edu.cn
质　量　反　馈:010-62772015,zhiliang@tup.tsinghua.edu.cn
课　件　下　载:http://www.tup.com.cn,010-62795954
印　装　者:北京建宏印刷有限公司
经　　　销:全国新华书店
开　　　本:185mm×260mm　　　　印　张:20　　　　字　数:464 千字
版　　　次:2007 年 9 月第 1 版　2014 年 4 月第 3 版　　　印　次:2019 年 7 月第 4 次印刷
定　　　价:34.50 元

产品编号:055090-01

# 前　　言

随着信息化的发展,大数据时代的到来,计算思维能力的培养已成为计算机教育界关注热点。为配合高校计算机基础教学改革、适应计算思维能力需求,本书在改版过程中以改革计算机教学、适应新形式下的需要为出发点,力图有所创新。

全书并非面面俱到地铺叙 Visual Basic(简称 VB)的全部功能特性,而是围绕非计算机专业计算机基础课程的特点和教学思路,并结合计算机二级考试大纲,对 Visual Basic 的特性与功能进行严格的筛选,有目的地设置教材体例和组织教材内容。本书以介绍面向对象程序设计为主线,兼顾结构化程序设计方法,简明扼要地把握计算机语言基本脉络和规范,将控件与算法分层次介绍,循序渐进,步步提升,尽量将复杂的问题简单化,使案例程序功能充分完善,所介绍的设计手段尽量简捷。

本书采用简明、通俗、实用的方式,介绍 Visual Basic 程序设计语言高效的编程方法,在综合以往的高级语言程序设计教材的体例的基础上力图创新,不把注意力放在语法的细节上,而是以"工程"(project)为核心,讲解程序设计的方法及算法分析的内容,从培养学生创造性思维入手,加重设计、开发任务训练,增强学生分析问题、解决问题的能力,达到教学和教材改革的目标。

本书体系清晰,深入浅出,精编精讲,其特色在于以应用为出发点,编排大量翔实的实例,并且这些实例都有一定的实用性。全书结合这些实例讲解程序设计的知识(语句、语法、语句结构)、与面向对象程序设计方法相关的概念(类、对象、属性、事件与方法)、过程式程序设计方法(编程方法和算法)、面向对象可视化编程方法(常用控件和典型程序)、高级编程(画图、多媒体控件、数据文件、数据库技术)、应用系统开发的方法及步骤(设计小型的应用系统程序)。

全书共分 16 章,各章的内容如下。

第 1 章主要介绍 Visual Basic 的特性、安装与启动,Visual Basic 集成开发环境和系统环境的设置。

第 2 章主要介绍面向对象程序设计的基本概念、创建 Visual Basic 程序的步骤、Visual Basic 程序的书写规则。

第 3 章主要介绍数据类型、常量与变量的定义、变量的作用域、内部函数与表达式计算等。

第 4 章主要介绍简单的输入输出操作、创建标准模块、创建窗体,部分常用控件的设计及应用。

　　第 5 章主要介绍程序控制基本语句(顺序结构、分支结构、循环结构)以及应用实例。

　　第 6 章主要介绍什么是数组、怎样声明数组、与数组相关的操作函数的使用、控件数组的应用和一些常用的算法等。

　　第 7 章主要介绍 Sub 过程创建与调用、Function 过程创建与调用、参数传送与应用实例。

　　第 8 章主要介绍一些常用控件使用及应用实例。

　　第 9 章主要介绍绘图程序设计方法、常用的绘图控件、常用的画图程序、键盘与鼠标事件的应用及绘图应用实例。

　　第 10 章主要介绍几个常用的 ActiveX 控件的应用及实例程序。

　　第 11 章主要介绍有关文件的概念、顺序文件与随机文件的操作、文件操作函数、文件操作控件的应用及实例程序。

　　第 12 章主要介绍多媒体控件、多媒体控件的应用实例。

　　第 13 章主要介绍与数据库相关的概念、Access 数据库管理系统简介、Data 控件、DAO 数据控件、ADO 数据控件的应用实例。

　　第 14 章主要介绍菜单、工具栏的设计。

　　第 15 章主要介绍 API 函数应用。

　　第 16 章主要介绍 MDI 窗体的设计、如何生成 Visual Basic 可执行文件、怎样创建 Visual Basic 安装文件。

　　本书的最后附有 ASCII 字符集、控件常用属性、常用事件、常用方法、内部函数等相关信息。

　　本书可作为学习高级程序设计语言、面向对象程序设计的专门用书,也可作为培养学生进行"小型应用系统开发"能力的学习用书以及广大计算机用户和计算机学习者的培训用书和自学用书。

　　本书配有《Visual Basic 程序设计习题解答与实验指导》辅助教材和相关的教学资源。

　　在本书编写过程中,得到了谭浩强教授的热情指教,得到了东北师范大学王丛林、陈玖冰、李鹏谊的大力支持,清华大学出版社的谢琛也给予了大力支持,在此一并感谢。

　　由于作者水平有限,难免有错误和不足之处,欢迎广大读者批评指正。

李雁翎

2014 年 2 月

# 目　　录

# 第 1 章 引 言

Visual Basic 是在 Windows 环境下运行的、支持可视化编程的、面向对象的、采用事件驱动方式的结构化程序设计语言,也是进行应用系统开发最简单的、易学易用的程序设计工具。本章将介绍 Visual Basic 的特点及其集成开发环境。

## 1.1 Visual Basic 概述

Basic 语言是广泛流行的计算机高级语言之一,自问世以来,不断更新换代,先后有 GWBasic,BasicA,Quick Basic 等不同版本。

Visual Basic 是 Microsoft 公司于 1991 年在原有的 Basic 基础上研发而成的。它是在 Windows 环境下,采用事件驱动编程机制的计算机语言。Visual Basic 大大改善了 Basic 程序语言的功能,突破了传统的过程式程序设计方法,提供了面向对象可视化编程工具和程序设计方法。因此,Visual Basic 可理解成"可视的 Basic",程序设计者是在图形用户界面(GUI)下开发应用程序。利用 Visual Basic 进行程序设计,无须编写大量的程序代码,只要对 Visual Basic 提供的各种图形控件进行不同的事件驱动方式的设计和组合,便可以方便、快捷地设计开发出小型的应用程序或实用的应用程序组件。

## 1.2 Visual Basic 集成开发环境

启动 Visual Basic 系统程序后,即可进入 Visual Basic 集成的开发环境,在这一系统环境中,用户可以完成应用程序设计的全部工作,Visual Basic 集成的开发环境如图 1-1 所示。

### 1.2.1 标题栏

标题栏位于屏幕界面的第一行,它包含系统程序图标、系统程序标题、最小化按钮、最大化按钮和关闭按钮 5 个对象,如图 1-2 所示。

#### 1. 系统程序图标

系统程序图标是 Visual Basic 系统程序标志。单击系统程序图标,可以打开系统控制菜单,选择其中的菜单选项,可以移动屏幕,改变屏幕的大小;双击系统程序图标,可以关闭 Visual Basic 系统程序。

标题栏　　　窗体设计器　　　　菜单栏　　　工具栏

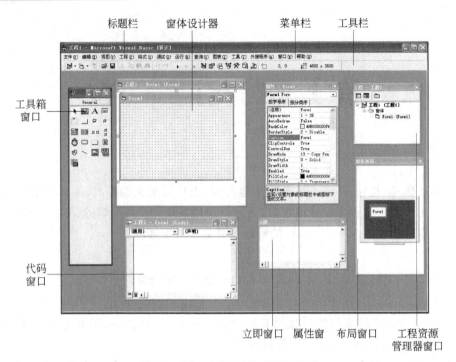

工具箱
窗口

代码
窗口

立即窗口　属性窗　布局窗口　工程资源
管理器窗口

图 1-1　Visual Basic 集成开发环境

系统图标　系统程序标题　　　　　　最小化按钮　　最大化按钮　系统关闭按钮

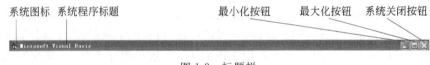

图 1-2　标题栏

**2. 系统程序标题**

系统程序标题是 Visual Basic 系统程序的名称。

**3. 最小化按钮**

单击"最小化"按钮,可将 Visual Basic 系统的屏幕缩小成图标,并存放在 Windows 桌面底部的任务栏中,若想再一次打开这一窗口,可在任务栏中单击 Microsoft Visual Basic 系统图标。

**4. 最大化按钮**

单击"最大化"按钮,可将 Visual Basic 系统的屏幕扩大为最大窗口,此时窗口没有边框。

**5. 关闭按钮**

单击"关闭"按钮,可关闭 Visual Basic 系统程序。

## 1.2.2　菜单栏

菜单栏位于屏幕的第二行,它包含文件、编辑、视图、工程、格式、调试、运行、查询、图表、工具、外接程序、窗口和帮助 13 个菜单选项,如图 1-3 所示。

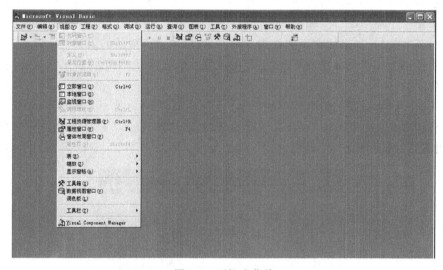

文件(F) 编辑(E) 视图(V) 工程(P) 格式(O) 调试(D) 运行(R) 查询(U) 图表(I) 工具 外接程序(A) 窗口(W) 帮助(H)

图 1-3　系统菜单栏

　　当选择其中任意一个菜单选项后,便可以打开一个对应的下拉式菜单,如图 1-4 所示。

图 1-4　下拉式菜单

　　在下拉式菜单下,通常还有若干个子菜单选项,当选择其中一个子菜单选项后,就可以执行一个操作,或打开一个对话窗口。

　　Visual Basic 系统菜单通过智能控制,可自动扩展、抑制显示,使用户以最便捷的方式使用系统菜单。

　　使用菜单栏应注意如下约定:

　　(1) 如果下拉式菜单最后一个选项中标有 ⤵ 符号,则表示此菜单是一个可扩展的菜单。

　　(2) 如果菜单选项的显示方式是深颜色,则表示这些菜单选项是当前环境下,可以选择的操作项;如果菜单选项的显示方式是浅颜色,则表示这些菜单选项是当前环境下,不可以选择的操作项。

　　(3) 如果菜单选项后面标有…符号,一旦选择此操作项,将打开一个对应的对话窗口。

　　(4) 如果菜单选项后面标有组合键,则组合键为用户所选择的菜单选项的快捷键。

　　(5) 如果菜单选项后面标有▶符号,一旦选择这一菜单选项,将打开一个对应的子菜单。

　　(6) 如果菜单选项后面标有√符号,一旦选择这一菜单选项,将消除√或添加√,使此操作项能够自动实现打开与关闭的切换。

　　有关各下拉式菜单所含的子菜单选项的具体内容及功能我们将在后续章节中介绍。

### 1.2.3  工具栏

工具栏是常用菜单选项的重新组合,利用工具栏中的命令按钮和图标提示,用户可以方便、快捷地实现某一操作功能。

Visual Basic 系统提供了编辑、标准、窗体编辑器和调试 4 种常用的工具栏,另外,用户还可以自定义工具栏。若想使用工具栏中的按钮控制操作,必须激活某一个工具栏,这时在主菜单栏下显示出一个相应的工具栏,用户可以使用这个工具栏提供的相应的工具按钮进行某些操作;如果用户不想使用工具栏,可以取消已激活的工具栏。

工具栏通常位于主菜单栏下面,但是用户也可根据需要,用鼠标将工具栏拖到窗口的指定位置。

**例 1-1**  激活/取消"标准"工具栏。

操作步骤为:在 Visual Basic 系统菜单下,依次选择"视图"→"工具栏"→"标准"菜单选项,可激活/取消"标准"工具栏,如图 1-5 所示。

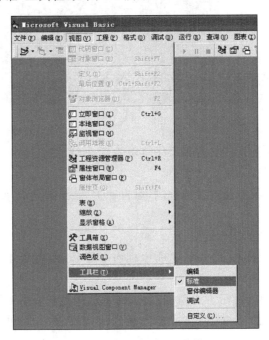

图 1-5  激活"标准"工具栏

### 1.2.4  工程设计窗口

Visual Basic 工程设计窗口是用户进行应用程序开发时的主要工作窗口,它包括"工程资源管理器"窗口、"窗体设计器"窗口、"属性设计"窗口、"代码设计"窗口、"窗体布局"窗口、"立即"窗口、"工具箱"窗口等。

### 1. 工程（Project）资源管理器窗口

在 Visual Basic 系统环境下，一个工程相当于一个完整的 Visual Basic 程序。工程资源管理器可以帮助用户管理多个工程，并可以在多个工程之间切换；另外还可以将多个工程组织成一个工程组。

工程资源管理器是呈倒置的"树状"结构，工程位于根部，而工程管理的各个部分构成了"树"的分支，如果用户要对某一个部分进行设计或编辑，就可以双击这个部分对其进行操作。

工程资源管理器所管理的资源文件有工程组文件（.vbg）、工程文件（.vbp）、窗体文件（.frm）、模块文件（.bas）、类模块文件（.cls）和资源文件（.res）。

图 1-6 是一个工程资源管理器窗口。

### 2. 窗体（Form）设计器窗口

"窗体设计器"窗口是设计 Visual Basic 程序界面的工作窗口，构成程序的基本"控件"都是通过窗体设计器设计而成的。

通常窗体驻留在"窗体设计器"窗口中，用户通过"窗体设计器"窗口向窗体添加控件组成程序，程序的运行结果、图形、图像大都是通过窗体输出的。

图 1-7 是一个窗体设计器窗口。

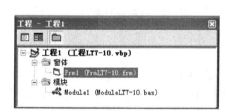

图 1-6　工程资源管理器窗口　　　　　　图 1-7　窗体设计器窗口

### 3. 属性（Properties）窗口

"属性"窗口是显示和设计窗体或窗体中控件当前属性的窗口。

"属性"窗口由对象组合框、属性列表框、属性显示方式选项卡、属性解释信息 4 部分构成。其中：

- 对象组合框列出窗体全部对象的名称。
- 属性列表框列出选中对象的全部属性，用户可通过属性窗口中的滚动条找到使用的属性，对其进行浏览或设置属性值。
- 属性显示方式选项卡决定了属性的显示方式，是按属性名"字母顺序"排列，还是按属性功能"分类顺序"排列。

• 属性解释信息是显示用户设置的属性的功能说明信息。

如图 1-8 是一个属性窗口。

### 4. 代码(Code)窗口

当打开一个"窗体设计器"窗口时,同时也可以打开一个"代码"窗口,用来显示、编辑窗体及窗体中控件的事件和方法代码,也可用于标准模块中代码的显示、编辑。

如图 1-9 是一个代码窗口。

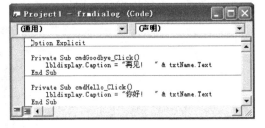

图 1-8  属性设计窗口          图 1-9  代码设计窗口

### 5. "窗体布局"(Form Layout)窗口

"窗体布局"窗口可以用来设置一个或多个窗体在屏幕上运行的位置。如果 Visual Basic 的程序是多文档界面,在"窗体布局"窗口设置某个窗体运行的初始位置十分方便、快捷。

如图 1-10 所示是一个布局窗口。

### 6. "立即"(Immediate)窗口

"立即"窗口是用来进行快速表达式计算、简单方法操作以及程序测试的工作窗口。在"立即"窗口要打印变量或表达式的值,可使用 Debug.print、print 和? 语句。

如图 1-11 所示是"立即"窗口。

### 7. "工具箱"(Toolbox)窗口

"工具箱"窗口是容纳各种控件制作工具的窗口,每个控件由一个对应的图标来表示。在 Visual Basic 系统中,工具箱中的控件分为内部控件(或标准控件)和 ActiveX 控件两大类。

图1-10 "窗体布局"窗口

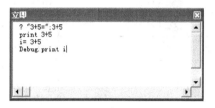
图1-11 "立即"窗口

在 Visual Basic 系统启动后,Visual Basic 系统提供的内部控件(或标准控件)被装入工具箱中,若要加入 ActiveX 控件,还要通过"工程"菜单中的"部件"选项,将所需的 ActiveX 控件加入到工具箱中。

当"工具箱"窗口打开后,用户便可使用工具箱中的各种控件。

如图1-12所示是一个含有内部控件和部分 ActiveX 控件的工具箱窗口。

图1-12 工具箱窗口

表1-1所示的内容是 Visual Basic 系统常用的内部控件和部分 ActiveX 控件功能介绍。

表 1-1 常用的内部控件

| 序号 | 控件图标及名称 | 功 能 简 介 |
|---|---|---|
| 1 | ☑ CheckBox | 复选框控件,用于一次选项,进行选择组合 |
| 2 | ▤ ComboBox | 组合框控件,由列表框和文本框控件组成,通过列表框选择信息,也可以在文本框中输入选择信息 |
| 3 | ▭ Command Button | 命令按钮控件,单击或双击命令按钮可驱动事件代码 |
| 4 | ▦ Data | 数据控件,用来访问数据库中数据 |
| 5 | ▭ DirListBox | 目录列表框控件,用于显示目录和文件夹 |
| 6 | ▭ riveListBox | 驱动器列表框控件,用于显示驱动器盘符 |
| 7 | ▤ FileListBox | 文件列表框控件,用于显示当前目录中的文件 |
| 8 | ▦ Frame | 框架控件,可以将其他控件放在其中并按类对控件分组 |
| 9 | ◀▶ HscrolBar | 水平滚动条控件,可使显示内容水平滚动 |

续表

| 序号 | 控件图标及名称 | 功能简介 |
|---|---|---|
| 10 | Image | 图像控件,用于显示图形文件 |
| 11 | A Label | 标签控件,用于显示文本或标识其他控件 |
| 12 | Line | 画线控件,用于画直线 |
| 13 | ListBox | 列表框控件,用于显示列表项,用户可以从列表框中选择,但不能输入信息 |
| 14 | OLE | OLE(对象链接与嵌入)容器控件,用于在 Visual Basic 应用程序内增加 OLE 功能 |
| 15 | Option Button | 单选按钮控件,用于在一组单选项中选择一个选项 |
| 16 | PictureBox | 图片框控件,用于显示和编辑图形文件 |
| 17 | Pointer | 指针控件,用于激活和编辑窗体上的控件 |
| 18 | Shape | 形状控件,用于在窗体和图片框上显示几何图形 |
| 19 | abl TextBox | 文本框控件,用于显示和编辑文本 |
| 20 | Timer | 计时器控件,用于按指定的时间间隔控制操作 |
| 21 | VscrollBar | 垂直滚动条控件,可使显示内容垂直滚动 |

## 1.3 Visual Basic 系统环境的设置

Visual Basic 系统环境的设置决定了 Visual Basic 系统的操作环境和工作方式。

在 Visual Basic 系统环境下,依次选择"工具"→"选项"菜单选项,进入到"选项"窗口,如图 1-13 所示。

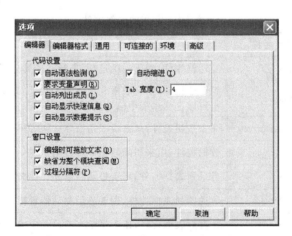

图 1-13　Visual Basic 系统环境的设置

在"选项"窗口,有 6 种不同类别的环境选项卡,每一个选项卡有其特定的环境参数。用户可以根据操作的需要,通过"选项"窗口中的各种选项卡,确定或修改设置相关参数,从而确定 Visual Basic 的系统环境。

## 本章的知识点结构

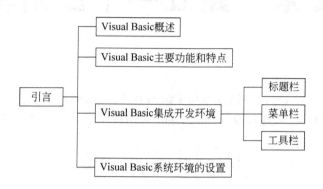

## 习  题

1. 简述 Visual Basic 的主要功能。
2. Visual Basic 集成开发环境是由什么构成的？
3. 菜单栏的使用约定是什么？
4. 工具栏与菜单栏的相同之处是什么，不同之处是什么？
5. 简述工程资源管理器的主要功能。
6. 如何设置 Visual Basic 系统环境？

# 第 2 章　建立一个应用程序

学习计算机语言最好的方法就是动手编写程序。下面以一个简单的程序为例,介绍如何编写 Visual Basic 程序以及 Visual Basic 应用程序设计、运行的步骤与方法。

## 2.1　开始使用 VB 编程

**例 2-1**　设计一个应用程序,当运行窗体时,在窗体中显示"快乐、轻松学 Visual Basic",当单击"退出"按钮时,结束程序的执行,如图 2-1 所示。

图 2-1　程序的运行结果

操作步骤如下:

(1) 在 Visual Basic 系统环境下,依次选择"文件"→"新建工程"菜单选项,打开"新建工程"窗口,如图 2-2 所示。

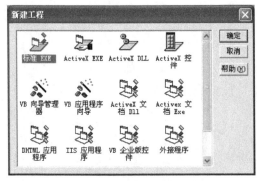

图 2-2　新建工程对话窗口

（2）在"新建工程"窗口，单击"确定"按钮，打开"工程设计"窗口，如图 2-3 所示。

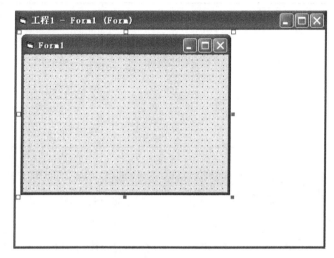

图 2-3　工程设计窗口

（3）在"工程设计"窗口，首先设计窗体的属性，然后打开"工具箱"窗口给窗体添加控件，再依次设计每个控件的属性，如图 2-4 所示。

图 2-4　设置对象的属性

窗体及控件的属性如表 2-1 所示。

（4）在"工程设计"窗口，依次选择"视图"→"代码窗口"菜单选项，打开"代码窗口"窗口，设计命令按钮控件的事件代码，如图 2-5 所示。

表 2-1　对象的属性

| 对　　象 | 对象名 | 属性名 | 属性值 |
|---|---|---|---|
| 窗体 | Frm1 | Caption | 第一个 Visual Basic 程序 |
| | | Height | 3195 |
| | | Width | 8520 |
| 标签 | Lbl1 | Caption | 快乐、轻松学 Visual Basic |
| 命令按钮 | Cmd1 | Caption | 退出 |

图 2-5　编写控件的事件代码

Cmd1_Click()事件代码如下：

```
Private Sub Cmd1_Click()
    End
End Sub
```

（5）打开"工程设计"窗口,依次选择"文件"→"保存窗体"菜单选项,将所建的窗体保存在指定的磁盘中的指定文件夹中,如图 2-6 所示。

图 2-6　保存窗体

（6）打开"工程设计"窗口，依次选择"文件"→"保存工程"菜单选项，将所建的 Visual Basic 程序保存在指定的磁盘中的指定文件夹中，如图 2-7 所示。

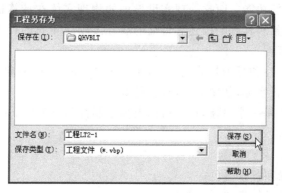

图 2-7　保存工程

（7）打开"工程设计"窗口，依次选择"运行"→"启动"菜单选项，将运行 Visual Basic 程序，其结果如图 2-1 所示。

虽然这是一个极其简单的程序，但是它描述了一个 Visual Basic 程序创建与运行的全过程。无论是多么复杂的程序，其程序设计过程是大致相同的，不同之处在于程序的数据结构、控制流程、事件和方法代码。当完成以上操作后，可以说，就已经初步认识并学会了设计 Visual Basic 程序的操作方法。这就是 Visual Basic 系统程序的魅力所在，它说明 Visual Basic 确实是一种可以快速入门的程序设计语言。

## 2.2　面向对象程序设计概念的引入

在第 1 章介绍 Visual Basic 的特点时提到：Visual Basic 不仅支持面向对象编程技术，还支持传统的面向过程编程技术，并在程序语言方面做了强有力的扩充。

面向过程编程在设计程序时，必须考虑程序代码的全部流程，而面向对象编程在设计程序时，考虑的则是如何创建对象以及创建什么样的对象。

在介绍例 2-1 的过程中，用到了一些概念，如对象、控件、属性、事件、方法等，这些都是与面向对象编程技术相关的概念。在本节中，将对这些新概念加以介绍。

### 2.2.1　对象

对象（object）的概念是面向对象编程技术的核心。从面向对象的观点看，所有的面向对象应用程序都是由对象组合而成的。在设计应用程序时，设计者考虑的是应用程序应由哪些对象组成，对象间的关联是什么，对象间如何进行"消息"传送，如何利用"消息"的表现协调和配合，从而共同完成应用程序的任务和功能。

什么是对象？对象就是现实世界中某个客观存在的事物，是对客观事物属性及行为特征的描述。

在现实世界中，如果把某一台电视机看成是一个对象，用一组名词就可以描述电视机的基本特征：如29英寸、高彩色分辨率等，这是电视作为对象的物理特征；按操作说明对电视机进行开启、关闭、调节亮度、调节色度、接收电视信号等操作，这是对象的可执行的动作，是电视机的内部功能。而这一现实世界中的物理实体在计算机中的逻辑映射和体现，就是对象以及对象所具有的描述其特征的属性及附属于它的行为，即对象的操作(方法)和对象的响应(事件)。

对象把事物的属性和行为封装在一起，是一个动态的概念，对象是面向对象编程的基本元素，是基本的运行实体，如窗体、各种控件等。

如果把窗体看成是一个对象，窗体可以有如下属性和行为特征：

(1) 窗体的标题；

(2) 窗体的大小；

(3) 窗体的前景和背景颜色；

(4) 窗体中所显示信息的内容及格式；

(5) 窗体中容纳哪些控件；

(6) 窗体的事件、方法。

另外，也可以将命令按钮看成是窗体容纳的一个对象。命令按钮可以有如下属性和行为特征：

(1) 命令按钮在窗体中的位置；

(2) 命令按钮的标题；

(3) 命令按钮的大小；

(4) 命令按钮的事件、方法。

在例2-1程序中，窗体和标签控件、命令按钮控件都是对象，在"属性"窗口定义的每个对象的属性就是这几个对象外部特征的描述，在"代码"窗口定义的命令按钮控件的Click事件(单击命令按钮)代码End(停止窗体执行)就是"方法"，是命令按钮的行为特征的描述。

任何一个对象都有属性、事件和方法3个要素，它们各自从不同的角度表达了对象的构成，通过三者有机的结合，便构成Visual Basic应用程序的基本元素。也可以说，一个完整的Visual Basic应用程序就是若干个对象集合而成的，而每一个对象又是通过属性、事件和方法构成的。

### 2.2.2 类

类(class)是同类对象的属性和行为特征的抽象描述。

例如，"电话"是一个抽象的名称，是整体概念，可以把"电话"看成一个类，而一台台具体的电话，例如你的电话或办公室的座机、朋友的手机等，就是这个类的实例，也就是这个"电话"类的具体对象。它们的外部特征虽有差异，但内部机理大同小异，功效特性是一致的。

再如，"桌子"是一个抽象的名称，类似一个类的概念，而办公桌、学生课桌、电脑桌、会议桌、餐桌等就是"桌子"类的具体对象。这些不同名称的桌子，虽然外部特征有些差异，但却是内部机理与功效特性十分相近的一类物体。

类与对象是面向对象程序设计语言的基础。类是从相同类型的对象中抽象出来的一种数据类型,也可以说是所有具有相同数据结构、相同操作的对象的抽象。类的构成不仅包含描述对象属性的数据,还有对这些数据进行操作的事件代码,即对象的行为(或操作)。类的属性和行为是封装在一起的。类的封装性是指类的内部信息对用户是隐蔽的,仅通过可控的接口与外界交互。而属于类的某一个对象则是类的一个实体,是类的实例化的结果。

Visual Basic 系统程序的面向对象技术,不仅实现了类的数据抽象,而且通过抽象出相关的类的共性,而形成一般的基类,用户可利用类的继承性和封装性,对基类增添不同的特性,或完全继承派生出各种各样的对象(Visual Basic 为用户提供了相当数量的基类),完成程序设计的任务。

在 Visual Basic 系统中,类分为容器类和控件类两种。

(1) 容器类:可以容纳其他对象,并允许访问所包含的对象。

(2) 控件类:不能容纳其他对象,它没有容器类灵活。

由控件类创造的对象是不能单独使用和修改的,它只能作为容器类中的一个元素,通过容器类来创造、修改或使用。这时,工具箱的各种控件并不是对象,而是代表了各个不同的类。程序设计者通过对类的实例化,便可得到所创建的对象。

在例 2-1 程序中,窗体是一个容器类控件,它容纳了一个标签控件和一个命令按钮控件。一旦创建了窗体,就将类转换为对象,即创建了一个窗体对象;若将标签控件、命令按钮控件置入窗体中,就创建了两个控件对象,如图 2-8 所示。

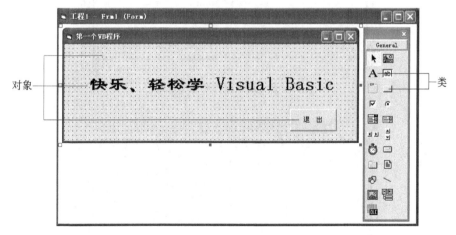

图 2-8　对象与类

## 2.2.3　属性的设置

属性(attribute)是对象的物理性质,是用来描述和反映对象特征的参数。一个对象的诸多属性所包含的信息,反映了这个对象的状态,属性不仅决定了对象的外观,有时也决定了对象的行为。

在 Visual Basic 系统中,各种对象拥有几十个属性。对象的属性可以在设计对象时通过"属性"窗口设置,也可以在程序运行时通过事件代码进行设置。

**1. 利用"属性"窗口设置对象属性**

在"工程设计"窗口,可以利用以下3种方法打开"属性"窗口:

(1) 依次选择"视图"→"属性窗口"菜单选项,打开"属性"窗口。

(2) 选中设置属性的"对象",右击鼠标,打开快捷菜单,选择"属性窗口"菜单选项,打开"属性"窗口。

(3) 选中设置属性的"对象",单击工具栏中的 🔳 按钮,打开"属性"窗口。

在"属性"窗口,可以直接为对象设置属性,如图 2-9 所示;也可以通过组合框提供的参数选择对象属性,如图 2-10 所示;还可以通过对话窗口为对象设置属性,如图 2-11 所示。

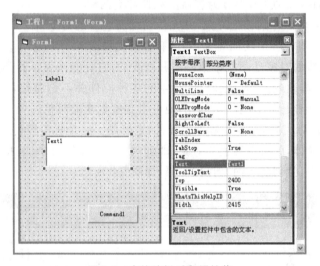

图 2-9　直接编辑对象属性值

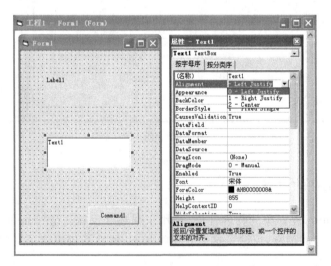

图 2-10　从组合框中选择对象属性值

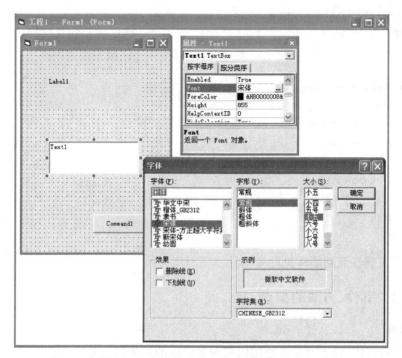

图 2-11　通过另外窗口设计对象属性值

### 2. 利用属性设置语句为对象设置属性

属性设置语句语句格式 1：

**[<父类名>].<对象名>.属性名=<属性值>**

属性设置语句语句格式 2：

```
With  <对象名>
    <属性值表>
End with
```

应该注意，在 Visual Basic 中，某些对象的若干属性不能通过程序语句设置，只能在"属性"窗口设置；还有一些属性是只读属性，只能继承，不可改动；另外有些对象（尤其是 ActiveX 控件），个别的属性在"属性"窗口没有出现，必须在程序语句设置或在专门的"属性"窗口设置。

如例 2-1 中的命令按钮的属性，除在"属性"窗口设置属性外，还可以用以下程序语句设置：

```
Private Sub Form_Load()
    Cmd1.Caption="退出"
    Cmd1.Left=4680
    Cmd1.Top=5280
    Cmd1.Height=615
```

```
        Cmd1.Width=1335
    End Sub
```

或

```
Private Sub Form_Load()
    With Cmd1
        .Caption="关闭"
        .Left=4680
        .Top=5280
        .Height=615
        .Width=1335
    End With
End Sub
```

有关对象属性及功能详见附录 B。

## 2.2.4　事件、方法的编辑

### 1. 事件

事件(event)是每个对象可能用以识别和响应的某些行为和动作。

当用 Visual Basic 创建了一个应用程序,实际上就已经开始了事件驱动方式编程的工作,所编写的所有事件代码将会在用户与应用程序交互时,或在对象间传递"消息"时,以及接收系统传递"消息"时被执行。

在 Visual Basic 系统中,一个对象可以识别和响应一个或多个事件,这些事件的代码是通过"事件过程"定义的。

定义事件过程的语句格式:

**Private Sub 对象名称_事件名称([(参数列表)])**
　　**＜程序代码＞**
**End Sub**

其中:

"对象名称"指的是对象(名称)属性定义的标识符,这一属性必须在"属性"窗口进行定义。

"事件名称"是由 Visual Basic 系统定义好的某一对象能够识别和响应的事件。

"程序代码"是 Visual Basic 提供的操作语句及特定的方法。

在 Visual Basic 系统中,对象可以响应的事件有很多,多数情况下,事件是通过用户的操作行为引发的(如单击控件、移动鼠标、按键等)。当事件发生时,将执行包含在事件过程中的全部代码。

事件有的适用于专门控件,有的适用于多种控件,表 2-2 列出了 Visual Basic 系统中的核心事件。

表 2-2　常用核心事件及功能

| 事　件 | 触发事件的操作 |
| --- | --- |
| Click | 当用鼠标单击某个对象时发生该事件 |
| DblClick | 当用鼠标双击某个对象时发生该事件 |
| DragDrop | 当在窗体上用鼠标拖动一个对象然后放开时发生该事件 |
| GotFocus | 当对象获得焦点时,发生该事件 |
| KeyPress | 在键盘上按下并松开键盘上一个键时发生该事件 |
| KeyUp | 当一个对象具有焦点时释放一个键时发生该事件 |
| Load | 当窗体被装载时发生该事件 |
| LostFocus | 当对象失去焦点时发生该事件 |
| MouseDown | 当按下鼠标按钮时发生该事件 |
| MouseMove | 当移动鼠标时发生该事件 |
| MouseUp | 当释放鼠标按钮时发生该事件 |
| Scroll | 当用户用鼠标在滚动条内拖动滚动框时发生该事件 |
| SelChange | RichTextBox 控件中当前文本的选择发生改变或插入点发生变化时,发生该事件 |
| Unload | 当窗体从屏幕上删除时发生该事件 |

有关对象事件及功能详见附录 C。

**2. 方法**

方法(method)是附属于对象的行为和动作,也可以将其理解为指示对象动作的命令,即 Visual Basic 系统提供的一种特殊的过程和函数。

Visual Basic 中的内部控件都具有定义好的方法,不同的对象有不同的方法,用户还可根据需求为对象设计不同的方法。

调用方法的语句格式:

**[<对象名>].方法名**

方法是面向对象的,所以对象的方法调用一般要指明对象。

**3. 利用"代码"窗口编辑对象的事件和方法**

在"工程设计"窗口,打开"代码"窗口有以下两种方法:

(1) 依次选择"视图"→"代码窗口"菜单选项,打开"代码"窗口。

(2) 选中某一对象,右击鼠标,打开快捷菜单,选择"代码窗口"菜单选项,打开"代码"窗口。

在"代码"窗口,首先通过"对象"组合框提供的参数选择对象,然后再通过"事件"组合框提供的参数选择事件,这时系统自动给出事件过程的开头和结束语句。

例如:

```
Private Sub Cmd1_Click()

End Sub
```

接下来便可以在上面开头和结束语句之间输入过程代码。

在 Visual Basic 系统中,过程代码是针对具体对象事件编写的,为了确切地指明某个对象的"操作",必须在方法和属性名前加上对象名,中间用小数点(.)分隔。

例如:

```
Private Sub cmdHello_Click()
    lbldisplay.Caption="你好!    " & txtName.Text
End Sub
```

在进行过程代码的编写时,Visual Basic 系统为用户提供了十分方便的定义对象属性、方法的操作,当键入对象名后,再键入点号(.),系统会自动弹出与对象相关的属性、方法列表框,用户可从中选择使用的方法,如图 2-12 所示。

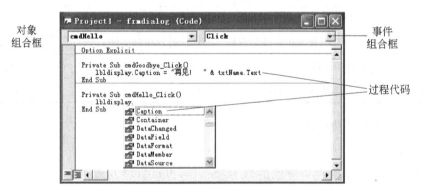

图 2-12  编辑事件、方法代码

有关对象方法及功能详见附录 D。

## 2.3  创建 VB 程序的步骤

通过例 2-1 已经了解到,Visual Basic 的应用程序是围绕对象及控件进行设计的。由于 Visual Basic 系统为用户提供了面向过程和面向对象的编程环境,设计一个 Visual Basic 的应用程序,可按下面的步骤进行:

(1) 分析问题,确定目标。

(2) 进入 Visual Basic 的集成环境。

(3) 新建工程(创建一个应用程序首先要新建一个新的工程)。

(4) 创建对象,设计对象的属性(设计应用程序界面)。

(5) 设计对象事件或方法(事件、方法过程的编程)。

(6) 保存文件(保存窗体,保存工程)。

(7) 程序运行与调试,再次保存修改后的程序。

下面通过一个实例介绍创建 Visual Basic 程序的全过程。

例 2-2　设计一个窗体,完成简单"对话",程序的运行结果如图 2-13 所示。

当按"你好"按钮,程序的运行结果如图 2-14 所示。

图 2-13　程序的运行初始状态　　　　　　　图 2-14　程序的运行效果(1)

当按"再见"按钮,程序的运行结果如图 2-15 所示。

当在"文本框"中输入"王小明"时,再按"你好"按钮,程序的运行结果如图 2-16 所示。

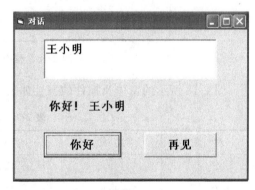

图 2-15　程序的运行效果(2)　　　　　　　图 2-16　程序的运行效果(3)

当在"文本框"中输入"刘朋友"时,再按"再见"按钮,程序的运行结果如图 2-17 所示。

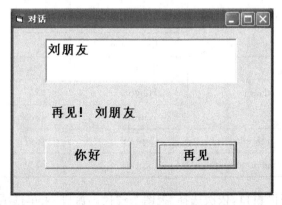

图 2-17　程序的运行效果(4)

（1）在 Visual Basic 系统环境下，依次选择"文件"→"新建工程"菜单选项，打开"新建工程"窗口。

（2）在"新建工程"窗口，按"确定"按钮，打开"工程设计"窗口。

（3）在"工程设计"窗口，首先设计窗体的属性，然后打开"工具箱"窗口给窗体添加控件，再依次设计每个控件的属性，如图 2-18 所示。

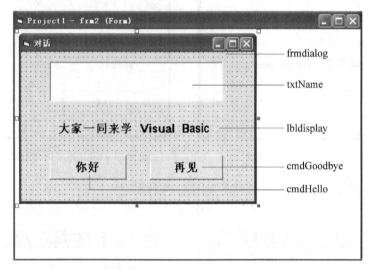

图 2-18　程中序对象属性设置

图 2-18 所示的窗体及控件的属性如表 2-3 所示。

表 2-3　对象的属性

| 对　象 | 对　象　名 | 属　性　名 | 属　性　值 |
|---|---|---|---|
| 窗体 | frmdialog | Caption | 对话 |
| | | Height | 4155 |
| | | Width | 5955 |
| 标签 | lbldisplay | Caption | 大家一同来学 Visual Basic |
| | | AutoSize | True |
| | | BackStyle | 0 |
| 文本框 | txtName | Text | |
| | | Height | 975 |
| | | Width | 4335 |
| 命令按钮 | cmdHello | Caption | 你好 |
| | cmdGoodbye | Caption | 再见 |

（4）在"工程设计"窗口，依次选择"视图"→"代码窗口"菜单选项，打开"代码窗口"窗口，设计窗体及控件的事件代码。

命令按钮 cmdHello 的事件(Click)代码为：

```
Private Sub cmdHello_Click()
    lbldisplay.Caption="你好！　" & txtName.Text
End Sub
```

命令按钮 cmdGoodbye 的事件(Click)代码为：

```
Private Sub cmdGoodbye_Click()
    lbldisplay.Caption="再见！　" & txtName.Text
End Sub
```

(5) 保存程序。

(6) 在"Visual Basic"系统环境下，依次选择"运行"→"启动"菜单选项，程序没有错其结果如图 2-13～图 2-17 所示，若程序出现错返回"工程设计"窗口，重复(3)、(4)、(5)步的操作。

另外也可以使用工具栏中的程序控制按钮，控制程序的运行，其中：

- ▶按钮功能：运行程序；
- ▮▮按钮功能：中断程序的运行；
- ■按钮功能：结束程序。

以上运行的 Visual Basic 应用程序方法是解释运行模式，而 Visual Basic 应用程序和由其他高级语言编写的程序一样，也可以用编译运行模式运行。

编译运行模式是先将 Visual Basic 应用程序编译成可执行文件(.EXE)，然后利用执行"可执行文件"的方式，执行由 Visual Basic 应用程序生成的可执行文件(.EXE)。

生成可执行文件的操作步骤如下：

(1) 在"Visual Basic"系统环境下，打开"工程文件"；

(2) 依次选择"文件"→"生成工程….EXE"菜单选项；

(3) 保存可执行文件(.EXE)。

## 2.4　VB 程序的注释及书写规范

如果你曾经使用过其他计算机高级语言，那么对本节的内容就不会陌生，Visual Basic 的大部分构成与其他计算机语言类似。而如果这是你学的第一门计算机语言，下面介绍的有关 Visual Basic 程序的注释及书写规范内容，则会是你使用 Visual Basic 设计应用程序的必备知识。

**1. 添加控件**

方法一：单击工具箱控件对象，按左键将控件拖放到窗体指定的位置，将出现一个由用户确定大小的对象。

方法二：双击工具箱控件对象，在窗体的系统默认位置，将出现一个系统默认大小的对象。

**2. 编辑对象**

选中对象(单击对象)可进行删除对象、复制对象的操作;

选中对象(单击对象)并按左键拖曳可进行放大、缩小对象尺寸的操作;

选中一个或多个对象(按 Shift 键并单击对象),利用"格式"菜单中的菜单选项,可对一个或多个对象进行属性编辑。

**3. 对象的命名**

每一个对象都有自己的名字属性,当窗体、控件对象刚建立时,Visual Basic 系统给出一个对象的默认名。

用户可通过属性窗口设置(名称)属性,重新定义对象的名称,这样会更方便地识别对象的类型和功能。

**4. 标识符的命名规则**

标识符是常量、变量、数组、控件、对象、函数、过程等用户命名元素的标识,在 Visual Basic 中,标识符的命名的规则如下:

(1) 必须由字母或汉字开头,可由字母、汉字、数字、下划线组成;

(2) 长度小于 256 个字符;

(3) 不能使用 Visual Basic 中的专用关键字;

(4) 标识符不区分大小写;

(5) 为了增加程序的可读性,可在变量名前加一个缩写的前缀来表明该变量的数据类型。例如:

```
StrAbc    (字符串变量)
IConst    (整型常量)
Txt 姓名   (文档框对象)
Cmdok     (命令按钮对象)
```

建议用户按表 2-4 所列出的部分控件命名的约定对控件进行命名。

表 2-4　常用控件命名约定

| 控件的类型 | 前　缀 | 例　子 |
|---|---|---|
| Checkbox(检查框) | Chk | ChkReadOnly |
| ComboBox(组合框) | Cbo | CboName |
| CommandButton(命令按钮) | Cmd | CmdOk |
| CommonDialog(通用对话框) | Dlg | DlgOpen |
| DirListBox(目录列表框) | Dir | DirPathdisk |
| DriveListBox(驱动器列表框) | Drv | DrvDisplay |
| FileListBox(文件列表框) | Fil | FilSoure |
| Form(框架) | Frm | FrmDialog |

续表

| 控件的类型 | 前　缀 | 例　子 |
|---|---|---|
| Frame(框架) | Fra | FraFont |
| HscrolBar(水平滚动条) | Hsb | HsbValue |
| Image(图像) | Img | ImgPicture |
| Label(标签框) | Lbl | LblDisplay |
| Line(画线) | Lin | LinVertical |
| ListBox(列表框) | Lst | LstName |
| OLE(OLE 容器) | Ole | OleObject |
| Option Button(单选按钮) | Opt | OptFont |
| PictureBox(图片框) | Pic | PicVGA |
| Shape(形状) | Shp | ShpSurface |
| TextBox(文本框) | Txt | TxtOutput |
| Timer(计时器) | Tmr | TmrClock |
| VscrollBar(垂直滚动条) | Vsb | VsbValue |

**5. 程序注释**

程序注释是对编写的程序加以说明和注解,这样便于程序的阅读,便于程序的修改和使用。

在 Visual Basic 系统中,注释语句是以单引号(')开头的语句行,或以单引号(')为后段语句的语句段落。

例如:

```
'这是一个求阶乘的函数过程
Public Function funfactorial(x)          '这是一个求阶乘的函数过程
```

**6. 语句的构成**

在 Visual Basic 系统中,语句是由保留字及语句体构成的,而语句体又是由命令短语和表达式构成的。

保留字和命令短语中的关键字是系统规定的"专用"符号,用来指示计算机做什么动作,必须严格地按系统要求来写;语句体中的表达式可由用户定义,用户要严格按"语法"规则来写。

例如:

```
If x>10 then x=x+10
```

**7. 语句格式中的符号约定**

[]　用户可选项,括号内的内容可写可不写,由用户选定;

&lt;&gt;　用户必选项,括号内的内容必须由用户来写;

/　任选其一项,斜杠两边的参数,选择其中一个;

{ }　任选其一项,括号内的多个参数,选择其中一个。

例如:

[&lt;父类名&gt;].&lt;对象名&gt;.属性名=&lt;属性值&gt;

**8. 程序书写规则**

在 Visual Basic 系统中,通常每条语句占一行,一行最多允许有 255 个字符;如果一行书写多个语句,语句之间用冒号(:)隔开;如果某个语句一行写不完,可用由空格和下划线(_)组成的连接符连接多个语句行。

## 本章的知识点结构

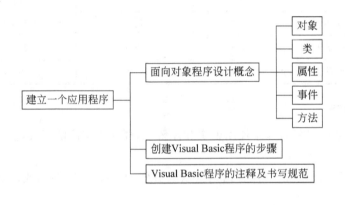

## 习　题

1. 回答下列问题:

(1) 简述设计 Visual Basic 程序的操作步骤。

(2) Visual Basic 系统支持哪两种程序设计方法? 它们有什么特点?

(3) 什么是对象?

(4) 对象的三个要素是什么?

(5) 解释属性、事件与方法这几个概念。

(6) 简述生成可执行文件的操作步骤。

(7) 标识符的命名规则有哪些?

(8) []、&lt;&gt;、/和{语句格式中的约定符号代表什么?

(9) 复合语句中,语句间的分隔符是什么?

(10) 注释语句如何书写? 一个语句行超过 255 个字符如何处理?

2. 指出下列标识符哪些是不合法的。

(1) 4AB　　(2) ABC　　(3) A13　　(4) END　　(5) ABS1

(6) JI　　　(7) 123%　　(8) A(3)　　(9) "abc"　　(10) else

3. 编写程序。

(1) 设计一个窗体,当单击"显示"按钮时,在文本框内显示"走进 Visual Basic 程序设计乐园!";当单击"清除"按钮时,清除文本框内的文本;当单击"退出"按钮时,结束程序运行。程序运行结果如图 2-19 所示。

图 2-19　显示文本

(2) 设计一个窗体,打开窗体时,标签显示"风景这边独好!"且为黑色;当单击"红"按钮时,标签显示红色;当单击"黄"按钮时,标签显示黄色;当单击"还原"按钮时,标签显示黑色;当单击"退出"按钮时,结束程序运行。程序运行结果如图 2-20 所示。

图 2-20　显示文本

# 第 3 章　程序设计基础

任何一个由高级语言编写的应用程序所表达的内容均有两个重要的方面,一是数据,二是程序控制。其中数据是程序的处理对象,由所创建的数据类型决定其结构、存储方式及运算规则;程序控制则是程序流程控制,也是对数据进行处理的算法。由此可将程序抽象地表示为:程序＝算法＋数据结构。

本章将介绍 Visual Basic 应用程序的基本内容、数据类型、基本的语句成分,如常量、变量、函数、表达式等。

## 3.1　数　据　类　型

数据是客观事物属性反映的记录,也可以说客观事物属性的记录是用"数据"来表达的。数据形式通常有三种:数值型数据,即对客观事物进行定量记录的符号,如体重、年龄、价格的多少等;字符型数据,即对客观事物进行定性记录的符号,如姓名、单位、地址的标志等;特殊型数据,如声音、视频、图像等。在 Visual Basic 系统中,为了使数据处理更加方便,又将数据细化分为若干种类型。

### 3.1.1　标准数据类型

在 Visual Basic 系统中,常用标准数据类型分为数值型、字符型、货币型、日期型、布尔型、对象型、变体型、字节型。

**1. 数值型**

数值型(numeric)数据是由数字(0~9)、小数点和正负号组成,是可以参加算术运算的数据。

数值型又分为不带小数点的整型和带小数点的浮点型,其中整型又分为整型(Integer)和长整型(Long);浮点型又分为单精度型(Single)和双精度型(Double)。

例如:12378、78 为整型,123.56、1.23e7、1.23e-2 为浮点型。

**2. 字符型**

字符型(String)是由双引号(" ")括起来的一个符号序列。字符型数据又分定长字符型和不定长字符型,定长字符型可表示成(String * 常数)。

例如:"中国人民"、"清华大学出版社"、"1304567821"、"100001"。

**3. 货币型**

货币型(Currency)数据是数值型数据的一种特殊形式,是为表示货币的多少及对货币进行计算而设置的,这种类型的数据小数点前最多有15位数,小数点后只保留4位数。

小数位超过4个字符的数据,系统会按四舍五入原则自动截取。

**4. 日期型**

日期型(Date)是由双井号(♯♯)括起来用于表示时间的数据。它可以是单独日期的数据,也可以是单独时间的数据,也可以是日期和时间数据的组合。例如:

```
#2014   1   1 3:10:50 p#
#01/01/14#,#2014   1   1#,#01/01/2014#
#23:10:50#,#3:10:50 p#
```

**5. 布尔型**

布尔型(Boolean)数据是描述客观事物真假的数据,用于表示逻辑判断结果,它只有真(True)和假(False)两个值。

布尔型可以转换成整型数据,即 True 为 1;False 为 0。

其他类型的数据可以转换成布尔型,即非 0 为 True;0 为 False。

**6. 对象型**

对象型(Object)是用于存储 OLE 对象的数据类型,OLE 对象可以是电子表格、文档、图片等。

**7. 变体型**

变体型(Variant)是一种可变的数据类型。在 3.2.2 节中将介绍它的用法。

**8. 字节型**

字节型(Byte)是以 1 个字节的无符号二进制数存储的数据类型。

表 3-1 列出了以上数据类型的相关信息。

**表 3-1　常用标准数据类型**

| 数 据 类 型 | 类型符号 | 占用字节 | 取 值 范 围 |
|---|---|---|---|
| 整型(Integer) | % | 2 | −32 768～32 767 |
| 长整型(Long) | & | 4 | −2 147 483 648～2 147 483 647 |
| 单精度型(Single) | ! | 4 | 负数:−3.402 823E38～−1.401 298E-45<br>正数:1.401 298E-45～3.402 823E38 |
| 双精度型(Double) | ♯ | 8 | 负数:−1.797 693 134 862 32E308～−4.940 656 458 412 47E-324<br>正数:4.940 656 458 412 47E-324～1.797 693 134 862 32E308 |
| 字符型(String) | $ | 不定 | 0～65 400 个字符(定长字符型) |
| 货币型(Currency) | @ | 8 | −922 337 203 685 477.5808～922 337 203 685 477.5807 |

续表

| 数据类型 | 类型符号 | 占用字节 | 取值范围 |
|---|---|---|---|
| 日期型(Date) | 无 | 8 | 100-01-01～9999-12-31 |
| 布尔型(Boolean) | 无 | 2 | True 或 False |
| 对象型(Object) | 无 | 4 | 任何引用的对象 |
| 变体型(Variant) | 无 | 不定 | 由最终的数据类型而定 |
| 字节型(Byte) | 无 | 1 | 0～255 |

### 3.1.2　自定义数据类型

Visual Basic 除了为用户提供了标准数据类型之外,还允许用户自定义数据类型,这种数据类型可包含一个或多个标准数据类型的数据元素。由于这种数据类型与其他高级语言的记录类型相同,因此,又把这种用户自定义数据类型称为"记录类型"。

定义自定义数据类型语句格式如下:

**Type 数据类型名**
　　数据元素名 [([下标])]　**As**　类型名
　　数据元素名 [([下标])]　**As**　类型名
　　…
**End Type**

为了处理数据的方便,常常需要把一些数据定义成自定义数据类型。

例如,为了表示学生的自然情况,如学号、姓名、性别、出生日期、身高等数据,可将数据定义成如下结构:

```
Type Student
    Number  As String * 8
    Name    As String * 3
    Sex     As String * 1
    Day     As Date
    Stature As Single
End Type
```

需要注意:用户自定义数据类型中的元素若是字符型,必须是定长字符型。

## 3.2　数据存储

在 Visual Basic 中,通常把常量、变量、数组、对象作为存储容器,从而实现对数据进行输入、输出和加工处理的操作。

### 3.2.1 常量

常量是在程序中可直接引用的实际值,其值在程序运行中不变。在 Visual Basic 中,有文字常量、符号常量和系统常量。

**1. 文字常量**

文字常量实际上就是常数,数据类型的不同决定了常量的表现也不同。

例如:$-123.56\,768$ $+3.256\,767E3$ 为数值型常量;"ABCDE","中国人民解放军"为字符型常量;♯04/12/14♯,♯2014/02/19 10:01:01♯为日期常量。

**2. 符号常量**

符号常量是命名的数据项,其类型取决于<表达式>值的类型。

定义符号常量语句格式如下:

**Const 常量名 [As 类型|类型符号]=<表达式>**
    **[,常量名 [As 类型|类型符号]=<表达式>]**

例如:

```
Const I1%=14135    或    Const I1 As Integer=14135
Const S1%=32,PI As Single=3.141 59,S2%=S1+50
```

**3. 系统常量**

系统常量是 Visual Basic 系统预先定义好的,用户可直接引用。例如 vbRed、vbOK 和 vbYes。

### 3.2.2 变量

变量(variable)在程序运行过程中其值可以改变。这里所讲的是一般意义上的简单变量(又称内存变量)。在 Visual Basic 程序中,每一个变量都必须有一个名称,用以标识该内存单元的存储位置,用户可以通过变量标识符使用内存单元存取数据;变量是内存中的临时单元,这就决定了它可以用来在程序的执行过程中保留中间结果与最后结果,或用来保留对数据进行某种分析处理后得到的结果;在给变量命名时,一定还要定义变量的类型,变量的类型决定了变量存取数据的类型,也决定了变量能参与哪些运算。

**1. 变量的声明**

在程序中使用变量,就要给变量定义名称及类型,这就是对变量进行声明。

(1) 显式声明

声明局部变量语句格式如下:

**Dim | Static 变量名 [AS 类型/类型符]**
    **[,变量名 [AS 类型/类型符]]**

例如:

```
Dim   I  As  integer
Dim   Sum  As  single
Dim   I%, Sum!
```

(2) 隐式声明

未进行显式声明而通过赋值语句直接使用,或省略了[As 类型/类型符]短语的变量,其类型为变体(Variant)类型。

(3) 强制声明

在 Visual Basic 程序的开始处,若出现"系统环境可设置",或写入下面语句:

```
Option Explicit
```

程序中的所有变量必须进行显式说明。

对于初学者来说,建议写入 Option Explicit 语句,约束你养成一个良好的语言习惯,避免一些不必要的麻烦,并为学习其他语言提供便利。

**2. 变量的作用域**

变量的作用域就是变量在程序中的有效范围。

在 Visual Basic 程序中,能否正确使用变量,搞清变量的作用域是非常重要的。一旦变量的作用域被确定,使用时就要特别注意它的作用范围。当程序运行时,各对象间的数据传递就是依靠变量来完成的,变量的作用范围定义不当,对象间的数据传递就将导致失败。变量的作用域是一个不可忽视的问题,特别是基于面向对象程序设计理念进行应用系统开发时尤为重要。

在 Visual Basic 程序中,通常将变量的作用域分为局部级变量,窗体、模块级变量和全局级变量三类。

(1) 局部变量

在事件过程、通用过程中用 Dim 和 Static 语句声明的变量叫局部变量。其作用域只在其所声明的事件过程、通用过程内部。

例如:

```
Private Sub Cmddisplay_Click()
Dim i As Double
Static k As Integer
   ......
   ......
   End Sub
```

上面的过程定义 i、k 两个局部变量,它们的有效范围只在 Cmddisplay_Click( )事件过程内。

(2) 窗体变量和模块变量

Visual Basic 应用程序是由窗体模块、标准模块和类模块三种模块组成的,本书中会涉及窗体模块和标准模块两种模块。其中：

- 窗体模块包括事件过程、通用过程和声明部分。
- 标准模块包括通用过程和声明部分。

一个窗体模块可以包含若干个事件过程和通用过程，同样，标准模块可以包含若干个通用过程。若使变量在一个窗体模块的多个事件过程和通用过程，或在标准模块多个通用过程中有效，可以将其声明为窗体变量或模块变量。

在窗体模块的声明部分用 Dim 和 Private 语句声明的变量叫窗体变量。

在标准模块的声明部分用 Dim 和 Private 语句声明的变量叫模块变量。

例如：

```
Dim i As Double
Private k As Integer
```

（3）全局变量

全局变量也叫全程变量，它是可以在整个程序的任何模块、任何过程中使用的变量。

在窗体模块的声明部分和标准模块的声明部分用 Public 语句声明的变量叫全局变量。

例如：

```
Public i As Double
Public k As Integer
```

### 3. 重名变量

在一个 Visual Basic 应用程序中，不能有重名的全局变量；但是局部变量可以和全局变量重名。在某一个事件过程、通用过程中，定义的局部变量若与全局变量重名，局部变量有效，全局变量被屏蔽，而当事件过程、通用过程结束后，这些局部变量从内存中释放（由 Static 定义的局部变量例外），而全局变量则在程序运行完毕时将从内存中释放。

### 4. Dim 与 Static 的区别

Dim 定义的局部变量称为自动变量。

Static 定义的局部变量称为静态变量。

用 Dim 定义的局部变量，当执行事件过程、通用过程时，变量有效，当事件过程、通用过程结束后，变量从内存中释放。

用 Static 定义的局部变量，当执行事件过程、通用过程时，变量有效，当事件过程、通用过程结束后，变量不从内存中释放，仍将保留原有的值，一旦重复使用事件过程、通用过程，其值可再次使用。

例如：

```
Private Sub Cmdtest_Click()
Dim sum As Integer
sum=sum+1
Print sum
```

```
End Sub
```

每次调用上面的过程,sum 的值都是 1。

```
Private Sub Cmdtest_Click()
Static sum  As Integer
sum= sum+ 1
Print sum
End Sub
```

每次调用上面的过程,sum 的值都要加 1,sum 是一个自然数据的累加器。

## 3.3  内 部 函 数

内部函数是 Visual Basic 系统为用户提供的标准过程。使用这些内部函数,可以使某些特定的操作更加简便。在使用内部函数时,要了解函数的功能、函数的书写格式、函数参数及函数结果的类型及表现形式。

根据每个内部函数的功能,可将内部函数大致分为如下几类:数学函数、字符函数、转换函数、日期函数、测试函数、颜色函数、路径函数等。本节仅介绍常用的内部函数的格式与功能,其他内部函数的格式与功能见附录 E。

### 1. 数学函数

常用的数学函数见表 3-2。

表 3-2  常用数学函数的功能及实例

| 函    数 | 功    能 | 例    子 | 函 数 值 |
|---|---|---|---|
| Abs(N) | 绝对值 | ABS(−3) | 3 |
| Cos(N) | 余弦 | Cos(45 * 3.14/180) | 0.707 |
| Exp(N) | e 指数 | Exp(2) | 7.389 |
| Int(N) | 返回参数的整数部分 | Int(1234.5678) | 1234 |
| Log(N) | 自然对数 | Log(2.732) | 1 |
| Rnd(N) | 返回一个包含随机数 | Rnd | 0~1 之间的数 |
| Sgn(N) | 返回一个正负号或 0 | Sgn(5) | 1 |
| Sin(N) | 正弦 | Sin(45 * 3.14/180) | 0.7068 |
| Sqr(N) | 平方根 | Sqr(25) | 5 |
| Tan(N) | 正切 | Tan(45 * 3.14/180) | 0.9992 |

**注意**:N 可以是数值型常量、数值型变量、数学函数和算术表达式,而且数学函数的返回值仍是数值型常量。

下面举例说明在立即窗口可进行的操作。

**例 3-1** 输出 $e^5$ 的值。

操作命令如下:

```
? Exp (5) ↙
```

结果是:

```
148.413159102577
```

**例 3-2** 已知 $x=12,y=8$,计算 $\sqrt{x^2+y^2}$ 的值。

操作命令如下:

```
x=12 ↙
y=8 ↙
? sqr(x * x+y * y) ↙
```

结果是:

```
14.422205101856
```

**例 3-3** 已知 $x=56.8,y=78.9$,计算 $x>y$ 的值,只取整数部分。

操作命令如下:

```
x=56.8 ↙
y=78.9 ↙
? Int(x * y) ↙
```

结果是:

```
4481
```

## 2. 字符函数

常用的字符函数见表 3-3。

表 3-3 常用字符函数的功能及实例

| 函　　数 | 功　　能 | 例　　子 | 函 数 值 |
|---|---|---|---|
| Instr(C1,C2) | 在 C1 中查找 C2 的位置 | Instr("ABCDE","DE") | 4 |
| Lcase＄(C) | 将 C 中的字母转换为小写 | Lcase＄("ABcdE") | "abcde" |
| Left(＄C,N) | 取 C 左边 N 个字符 | Left＄("ABCDE",3) | "ABC" |
| Len(C) | 测试 C 的长度 | Len("ABCDE") | 5 |
| LTrim＄(C) | 删除左边的空格 | RTrim＄("　AAA　"+"　BBB　") | "AA　BB" |
| Mid＄(C,M,N) | 从第 N 个字符起,取 C 中 M 个字符 | Mid＄("ABCDE",2,2)<br>Mid＄("ABCDE",3,1) | "BC"<br>"C" |
| Right＄(C,N) | 取 C 右边 N 个字符 | Right＄("ABCDE",3) | "CDE" |
| RTrim＄(C) | 删除 C 右边的空格 | RTrim＄("AA"+"BB") | "AA　BB" |

续表

| 函　数 | 功　能 | 例　子 | 函　数　值 |
|---|---|---|---|
| Space $ (N) | 产生 N 个数的空格字符 | Space(5) | "　　　" |
| Trim $ (C) | 删除 C 首尾两端的空格 | Trim $ ("AA"+"BB") | "AA　　BB" |
| Ucase $ (C) | 将 C 中的字母转换为大写 | Ucase $ ("abcde") | "ABCDE" |

**注意**：N 可以是数值型常量、数值型变量、数学函数和算术表达式，C 可以是字符型常量、字符型变量、字符函数和字符表达式，而且字符函数中，函数名后跟($)的返回值仍是字符型常量。

在立即窗口可作如例 3-4、例 3-5 和例 3-6 所示操作。

**例 3-4**　已知 X="清华大学　　出版社　　　"，去掉 X 的尾部空格。

操作命令如下：

?Trim$("清华大学　　出版社　　") ↙

结果是：

清华大学　　出版社

**例 3-5**　已知 X="清华大学出版社"，测试 X 的长度。

操作命令如下：

?Len("清华大学出版社") ↙

结果是：

7

**例 3-6**　已知 X="清华大学出版社"，从 X 中截取"出版社"。

操作命令如下：

?mid$("清华大学出版社",5,3) ↙

结果是：

出版社

### 3. 转换函数

常用的转换函数见表 3-4。

表 3-4　常用转换函数的功能及实例

| 函　数 | 功　能 | 例　子 | 函　数　值 |
|---|---|---|---|
| Asc(C) | 返回 C 的第一个字符的 ASCII 码 | Asc("A") | 65 |
| Chr(N) | 返回 ASCII 码 N 对应的字符 | Chr(97) | "a" |
| Str(N) | 将 N 转换成 C 类型 | Str(100010) | "100010" |
| Val(C) | 将 C 转换成 N 类型 | Val("123.567") | 123.567 |

### 4. 日期函数

常用的日期函数见表 3-5。

表 3-5　常用日期函数的功能

| 函　数 | 功　能 |
|---|---|
| Date | 返回当前系统日期(含年月日) |
| DateAdd(C,N,date) | 返回当前日期增加 N 个增量的日期 |
| DateDiff(C,date1,date2) | 返回 date1,date2 间隔的时间 |
| Day(Date) | 返回当前日期 |
| Hour(Time) | 返回当前小时 |
| Minute(Time) | 返回当前分钟 |
| Month(Date) | 返回当前月份 |
| Now | 返回当前日期和时间(含年月日、时分秒) |
| Second(Time) | 返回当前秒 |
| Time | 返回当前时间(含时分秒) |
| Weekday | 返回当前星期 |
| Year(Date) | 返回当前年份 |

**注意**：N 可以是数值型常量、数值型变量、数值型函数和算术表达式,C 是专门的字符串(YYYY—年、Q—季、M—月、WW—星期、D—日、H—时、N—分、S—秒)。

在立即窗口可作如例 3-7～例 3-12 所示操作。

**例 3-7**　若系统时间为 2014-2-25 13:35:08,输出当前日期,当前日期时间的值。
操作命令如下：

```
?Date,Now ↙
```

结果是：

```
2014-2-25    2014-2-25 13:35:08
```

**例 3-8**　若系统时间为 2014-2-25 13:35:08,输出当前日期及年、月、日的值。
操作命令如下：

```
?Date, Year(Date), Month(Date), Day(Date) ↙
```

结果是：

```
2014-2-25    2004    2    25
```

**例 3-9**　若系统时间为 2014-2-25 14:03:40,输出当前时间及时、分、秒的值。
操作命令如下：

```
?Time, Hour(Time),Minute(Time),Second(Time) ↙
```

结果是:

```
14:03:40        14              3               40
```

**例 3-10**  若系统时间为 2014-2-25 14:03:40,输出当前时间一月后、一周后、一天后的日期。

操作命令如下:

```
?;DateAdd("M",1,date);DateAdd("ww",1,date);DateAdd("D",1,date) ↙
```

结果是:

```
2014-3-22 2014-3-1 2014-2-23
```

**例 3-11**  输出 2014-2-25 与 2014-7-30 相隔的天数。

操作命令如下:

```
?DateDiff("D",#2014-2-25#,#2014-7-30#) ↙
```

结果是:

```
155
```

**例 3-12**  输出当前时间(2014-2-22 14:54:40)与 2018-1-1 相隔的天数、小时数。

操作命令如下:

```
?DateDiff("D",Now,#2018-1-1#),DateDiff("H",Now,#2018-1-1#) ↙
```

结果是:

```
1409        33801
```

### 5. 测试函数

常用的测试函数见表 3-6。

表 3-6  常用测试函数的功能

| 函　　数 | 功　　能 |
|---|---|
| IsArray(E) | 测试 E 是否为数组 |
| IsDate(E) | 测试 E 是否为日期类型 |
| IsNumeric(E) | 测试 E 是否为数值类型 |
| IsNull(E) | 测试 E 是否包含有效数据 |
| IsError(E) | 测试 E 是否为一个程序错误数据 |
| Eof() | 测试文件指针是否到了文件尾 |

**注意**:E 为各种类型的表达式,测试函数的结果为布尔型数据。

### 6. 其他函数

（1）颜色函数

① QBColor 函数

QBColor 函数格式如下：

**QBColor(N)**

功能：通过 N（颜色代码）的值产生一种颜色。

颜色代码与颜色对应关系见表 3-7。

表 3-7　颜色代码与颜色对应关系

| 颜 色 代 码 | 颜　　　色 | 颜 色 代 码 | 颜　　　色 |
| :---: | :---: | :---: | :---: |
| 0 | 黑 | 8 | 灰 |
| 1 | 蓝 | 9 | 亮蓝 |
| 2 | 绿 | 10 | 亮绿 |
| 3 | 青 | 11 | 亮青 |
| 4 | 红 | 12 | 亮红 |
| 5 | 洋红 | 13 | 亮洋红 |
| 6 | 黄 | 14 | 亮黄 |
| 7 | 白 | 15 | 亮白 |

② RGB 函数

RGB 函数格式如下：

**RGB(N1,N2,N3)**

功能：通过 N1，N2，N3（红、绿、蓝）三种基本颜色代码产生一种颜色，其中 N1、N2 和 N3 的取值范围为 0～255 之间的整数。

例如：

RGB(255，0，0)产生的颜色是"红"色；

RGB(0，0，255)产生的颜色是"蓝"色；

RGB(100，100，100)产生的颜色是"深灰"色。

（2）Format 函数

Format 函数格式如下：

**Format(E,fmt)**

功能：是根据 fmt（格式字符串）的指定格式输出 E（表达式）的值，表达式可以是数值、日期或字符串型表达式。

它一般用于 Print 方法中，其形式为 print Format＄（表达式[，"格式字符串"]）。

常用的格式字符串见表 3-8。

表 3-8    常用格式字符串的功能及实例

| 格式字符 | 功 能 | 例 子 | 效 果 |
|---|---|---|---|
| 0 | 显示一个数字,数据位数不足自动补 0 | Format(123.45,"0000.00") | 0123.45 |
| # | 显示一个数字 | Format(123.45,"####.##") | 123.45 |
| % | 数字乘以 100,并在数字尾部加上% | Format(0.45,"#%") | 45% |
| . | 固定小数点的位置 | Format(1.4567,"#.##") | 1.46 |
| , | 千位分隔符 | Format(1234567,"#,###,###") | 1,234,567 |
| -、+、$、() | 原样输出 | Format(12345,"$ #,###,###") | $ 12,345 |
| < | 将字符串的字符转换成小写 | Format("Hello","<") | "hello" |
| > | 将字符串的字符转换成大写 | Format("hello",">") | "HELLO" |
| @ | 显示一串字符,数据位数不足前面补空格 | Format("Hello","@@@@@@@") | " Hello" |
| & | 显示一串字符 | Format("Hello","&&&&&&&") | "Hello" |
| M/D/YY | 月/日/年格式 | Format(#2004-03-05#,"M/D/YY") | 3-5-04 |
| YYYY/M/D | 年/月/日格式 | Format(#2004-03-05#,"YYYY/M/D") | 2004-3-5 |
| H:MM:SS | 时/分/秒格式 | Format(Time,"H:MM:SS") | 18:42:47 |

# 3.4  表  达  式

表达式是由变量、常量、函数、运算符和圆括号组成的式子。在 Visual Basic 中,根据运算符的不同,将表达式分为算术表达式、字符表达式、关系表达式、逻辑表达式。

## 1. 算术表达式

算术表达式是由算术运算符和数值型常量、数值型变量、返回数值型数据的函数组成,其运算结果仍是数值型常数。

算术运算符及表达式的实例见表表 3-9。

表 3-9    算术运算符及实例

| 运 算 符 | 功 能 | 例 子 | 表达式值 |
|---|---|---|---|
| ^ | 幂 | 5^2 | 25 |
| 取负 | — | —5^2 | —25 |
| *,/ | 乘、除 | 36 * 4/9 | 16 |
| \ | 整除 | 25\2 | 12 |
| Mod | 模运算(取余) | 97 Mod 12 | 1 |
| +,— | 加,减 | 3+8—6 | 5 |

在进行算术表达式计算时，要遵循以下优先顺序：先括号，在同一括号内先乘方（^），再乘除（＊、/），再模运算（Mod），后加减（＋、－）。

**2. 字符表达式**

字符表达式由字符运算符和字符型常量、字符型变量、返回字符型数据的函数组成，其结果是字符常数或逻辑型常数。

字符运算符及表达式的实例见见表 3-10。

表 3-10　字符运算符及表达式实例

| 运算符 | 功　　能 | 例　　子 | 表达式值 |
| --- | --- | --- | --- |
| ＋ | 连接两个字符型数据 | "计算机"＋"软件" | "计算机软件" |
| & | 连接两个字符型数据 | "计算机"&"软件" | "计算机软件" |

＋和 & 均可完成字符串连接运算。不同的是前者既可以做加法运算又可以做字符串连接运算；后者则只能做字符串连接运算。

**例 3-13**　已知 X＝12345，Y＝"12345"，计算 X＋Y、X & Y 的值。

操作命令如下：

```
X=12345 ↙
Y="12345" ↙
?X+Y,X & Y ↙
```

结果是：

```
24690        1234512345
```

为了避免混淆，进行字符串连接运算一般都使用 & 作运算符，而且要注意 & 的前后要加空格。

**3. 关系表达式**

关系表达式可由关系运算符和字符表达式、算术表达式组成，其运算结果为逻辑型常量。关系运算是运算符两边同类型元素的比较，关系成立结果为真（True）；反之结果为假（False）。

关系运算符及表达式实例见表 3-11。

表 3-11　关系运算符及表达式

| 运　算　符 | 功　　能 | 例　　子 | 表达式值 |
| --- | --- | --- | --- |
| ＜ | 小于 | 3＊5＜20 | True |
| ＞ | 大于 | 3＞1 | True |
| ＝ | 等于 | 3＊6＝20 | False |
| ＜＞、＞＜ | 不等于 | 4＜＞－5,4＞＜－5 | True |

续表

| 运 算 符 | 功　能 | 例　　子 | 表 达 式 值 |
|---|---|---|---|
| <= | 小于或等于 | 3*2<=6 | True |
| >= | 大于或等于 | 6+8>=15 | False |
| Like | 字符串是否匹配 | "ABC" Like "ABC" | True |

Like 的主要功能虽然是测试字符串是否完全匹配,但是在字符串中可以引用通配符,使其灵活性大大增强。

由 Like 组成的关系表达式中,可以使用的通配符如下:

(1) * 代表一个或多个字符;

(2) ? 代表一个字符;

(3) # 代表一个数字。

**例 3-14** 已知 X="清华大学计算机学院",计算(X Like "清华大学*")的值。

操作命令如下:

```
X="清华大学计算机学院"↙
?X Like "清华大学*"↙
```

结果是:

```
True
```

**例 3-15** 已知:姓名="王立品",计算(姓名 Like "王??")的值。

操作命令如下:

```
姓名="王立品"↙
?姓名 Like "王??"↙
```

结果是:

```
True
```

**4. 逻辑表达式**

逻辑表达式可由逻辑运算符和逻辑型常量、逻辑型变量、返回逻辑型数据的函数和关系表达式组成,其运算结果仍是逻辑型常量。

逻辑运算符及表达式实例见表 3-12。

表 3-12　逻辑运算符及表达式实例

| 运算符 | 功　能 | 例　　子 | 表 达 式 值 |
|---|---|---|---|
| NOT | 非 | NOT 3+5>6 | False |
| AND | 与 | 3+5>6 AND 4*5=20 | True |
| OR | 或 | 6*8<=45 OR 4<6 | True |

续表

| 运算符 | 功　能 | 例　　子 | 表 达 式 值 |
|---|---|---|---|
| Xor | 异或 | 3＞2 Xor 3＜4 | False |
| Eqv | 等价 | 7＞6 Eqv 7＜8 | True |
| Imp | 蕴含 | 7＞6 Imp 7＞8 | False |

逻辑表达式在运算过程中所遵循的运算规则见表3-13。

**表 3-13　逻辑表达式运算规则**

| A | B | Not A | A and B | A or B | A Xor B | A Eqv B | A Imp B |
|---|---|---|---|---|---|---|---|
| True | True | False | True | True | False | True | True |
| True | False | False | False | True | True | False | False |
| False | True | True | False | True | True | False | True |
| False | False | True | False | False | False | True | True |

进行逻辑表达式计算值时要遵循以下优先顺序：括号、Not、And、Or、Xor、Eqv、Imp。

以上各种类型的表达式的运算规则是：在同一个表达式中，如果只有一种类型的运算，则按各自的优先度进行运算；如果有两种或两种以上类型的运算，则按照函数运算、算术运算、字符运算、关系运算、逻辑运算的顺序进行运算。

# 本章的知识点结构

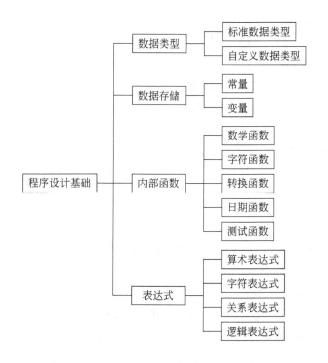

## 习　　题

1. 回答下列问题：

(1) 常用的标准数据类型有哪些？

(2) 变量类型有哪些,类型符是什么？

(3) 在 Visual Basic 中,有几种类型表达式？

(4) 变量定义语句有几个,功能有什么不同？

(5) Option Explicit 语句的作用是什么？

(6) 变量的作用域分为几类,有什么不同？

(7) 举例说明在不同的作用域中,重名变量如何使用？

(8) Dim 与 Static 有什么区别？

(9) 表达式是由什么构成的？

(10) 计算逻辑表达式值时要遵循什么优先顺序？

2. 下列哪些是合法常量,属于什么类型？

(1) 12.678　(2) ♯2008　12　01♯　(3) 123％　(4) "123"　(5) False

(6) "2008/12/01"　(7) 01/02/2014　(8) "AB"＋"CD"

3. 指出下列变量的类型。

(1) Dim a1 As Single　　　　(2) Dim a1

(3) Dim a1 As Integer　　　　(4) Dim a1[KG－ ＊3]$

(5) Dim a1, a2 As Integer　　(6) Dim a1♯

4. 计算下列函数值。

(1) Sqr(4＋3＊7)

(2) Int(123.456)

(3) Abs(－12345)

(4) Mid[KG－ ＊3]$("abcdABCD", 5, 4)

(5) Len("清华大学出版社 ABCD")

(6) Asc("M")

(7) Asc(Chr(100))

(8) DateDiff("D", ♯2014-1-1, ♯2014-10-1♯)

(9) IsDate(♯11/20/2014♯)

(10) IsNumeric("ABC")

5. 已知 na＝100,nb＝56,sa $="Visual Basic",da＝♯3/15/2014 8:15:03 PM♯, sb $="程序设计",la＝True,计算下列表达式的值。

(1) (na＋nb)/Sqr(na)

(2) Mid(sa＋sb, 8, 7)

(3) Right(sa $, 5)＋Space(5)＋Left(sb $, 2)

(4) sb & Str(na) & "分"

（5）Year(da) & Month(da) & Day(da)

（6）Hour(da) & "：" & Minute(da) & "：" & Second(da)

（7）da＋20

（8）na＋nb＞200 And Sqr(na)＞10 Or la

（9）Len(sa)＝12 And Not la And na＝100

（10）Hour(da)＞Int(na/10) And na＞nb

6. 将下列代数式写成 Visual Basic 的算术表达式。

（1）$\sin^2(\sqrt{20+a(\sqrt[4]{ab+1})})$

（2）$15abc+(abc\sqrt[3]{a+b+c})$

（3）$|\sqrt{x^2-y^2}|\dfrac{\sin45°}{\dfrac{x}{y}}$

（4）$\dfrac{x+y}{xy-\sqrt{1-a^2}}$

（5）$9e^{\sqrt[a]{a^5}}\ln a^2$

# 第 4 章　窗体及相关操作

窗体模块、标准模块以及窗体容纳的基本控件是 Visual Basic 应用程序必不可少的基本元素,本章将介绍标准模块、窗体模块及窗体基本控件的设计。

## 4.1　输入输出操作

一个完整的 Visual Basic 应用程序,通常可分为数据输入、数据处理、数据输出三部分。本节介绍几个常用的输入输出操作的语句及方法。有关利用控件进行输入输出操作的方法,将在介绍控件时再专门介绍。

### 4.1.1　赋值语句

赋值语句的格式如下:

**<变量>=<表达式>**
**[<对象>].属性=<表达式>**

功能:先计算的<表达式>,再将其值赋给变量或指定对象的属性。
例如:

```
I=I+1
Lbl1.Caption="快乐、轻松学 Visual Basic"
```

注意事项:
(1) 只能给一个变量或对象的一个属性赋值;
(2) <表达式>可以是变量、常量、函数和表达式;
(3) =与代数式中的等号不同,它是赋值号,在代数式中 I=I+1 是错误的,在 Visual Basic 中其意义是将 I+1 的值赋给 I;
(4) 变量或对象的属性引用,不能是常量、符号常量和表达式。
例如:

```
10=X+Y          '赋值号左边是常量,该语句是错误的。
X+Y=20          '赋值号左边是表达式  该语句是错误的。
```

### 4.1.2　Print 方法

**1. Print 方法简介**

Print 方法的格式如下：

**[<对象名>.]Print[<表达式表>][,|;]**

功能：在指定的对象上输出<表达式表>中各元素的值。

注意事项：

(1) [<对象名>.] 可以是窗体名(Form)、图片框名(PictureBox)，在立即窗口可省略[<对象名>.]或写 Debug，在窗体中，若省略对象，则表示在当前窗体上输出。

例如：

```
Debug.Print 3+5
Print "快乐、轻松学 Visual Basic"
Frm1.Print Sqr(3 * 3)
Pic1.Print Exp(5)
```

(2) <表达式表>是一个或多个表达式，省略此项则输出一个空行。

(3) <表达式表>中多个表达式可用逗号(,)或分号(;)隔开。其中";"是紧凑格式，","是标准格式；最后一个表达式后有","或";"则不换行，没有","或";"则换行。

**2. 与 Print 方法相关的函数**

(1) Tab()函数

Tab()函数格式如下：

**Tab(N)**

功能：把光标移到由 N 确定的位置。

例如：

```
Pic1.Print Tab(10); Exp(5)
```

(2) Spc()函数

Spc()函数格式如下：

**Spc(N)**

功能：光标移到 N 个空格之后的位置。

例如：

```
Pic1.Print 3+5; Spc(3); Exp(5)
```

**3. Cls 方法**

Cls 方法的格式如下：

**[<对象名>.]Cls**

功能：清除由 Print 方法显示的信息。

### 4.1.3 Move 方法

Move 方法的格式：

**[<对象名>.]Move <左边距离>[,<上边距离>[,<宽度>[,<高度>]]]**

功能：移动窗体或控件的位置,并可改变其大小。

注意事项：

(1) [<对象名>.]可以是窗体及除时钟、菜单外的所有控件,省略代表窗体；

(2) <左边距离>、<上边距离>、<宽度>、<高度>为数值表达式,以 twip 为单位,如果是窗体对象,则<左边距离>和<上边距离>是以屏幕左边界和上边界为准,其他则是以容纳控件的容器对象的左边界和上边界为准。

例如：

```
Frm1.Move 100, 100, 2000, 2000
Cmd1.Move 100, 100
```

### 4.1.4 输入对话框

InputBox 函数的格式如下：

**InputBox(<提示>[,<标题>][,默认][,<x 坐标位置>][,<y 坐标位置>])**

功能：产生一个对话框,通过对话框用户可以输入数据,并返回所输入的内容,函数返回值是字符类型。

注意事项：

(1) <提示>是一个字符串,是必选项,是对话框内显示的信息；

(2) [,<标题>]是对话框标题；

(3) [,默认]是输入区默认值；

(4) [,<x 坐标位置>][,<y 坐标位置>]是对话框与屏幕左边界的距离；

(5) 对话框返回数据是字符类型,如果返回数据需要参加算术计算,要用 Val 函数将其转换成数值类型数据；

(6) 每执行一次 InputBox 函数只能输入一个数据。

例如：

```
SName=InputBox("请输入参赛者姓名,然后按确定按钮", "知识竞赛",, 100, 100)
```

执行该语句后屏幕出现一个对话框,如图 4-1 所示。

```
S1="请输入参赛者姓名"+Chr(13)+Chr(10)+"然后按确定按钮"
SName=InputBox(S1, "知识竞赛",, 100, 100)
```

执行以上两个语句后屏幕出现一个对话窗口,如图 4-2 所示。

图 4-1 对话框(a)

图 4-2 对话框(b)

当从键盘输入"莽冬冬"后,变量 SName 获得键盘输入的值。

## 4.1.5 输出消息框

### 1. MsgBox 函数

MsgBox 函数格式:

<变量>=MsgBox(<提示>[,<按钮类型>][,标题])

功能:执行 MsgBox 函数时,屏幕弹出一个对话窗口,可通过窗口中的命令按钮控制程序的执行,函数返回值是整数。

### 2. MsgBox 过程

MsgBox 过程格式:

MsgBox(<提示>[,<按钮类型>][,<标题>])

功能:执行 MsgBox 过程时,屏幕弹出一个对话窗口,可通过窗口中的命令按钮控制程序的执行。

注意事项:

(1)<提示>和[,<标题>]与 InputBox 函数中对应的参数相同;

(2)<按钮类型>由[<图标类型>]+[<按钮代码>]+[<默认按钮>]组成。

按钮代码含义见表 4-1。

表 4-1 按钮数目代码含义

| 代　　码 | 代码的含义 | 对应的系统常量 |
| --- | --- | --- |
| 0 | 确定按钮 | VbOKOnly |
| 1 | 确定和取消按钮 | VbOKCancel |
| 2 | 终止、重试和忽略按钮 | VbAbortRetryIgnore |
| 3 | 是、否和取消按钮 | VbYesNoCancel |
| 4 | 是和否按钮 | VbYesNo |
| 5 | 重试、取消按钮 | VbRetryCancel |

图标类型代码含义见表 4-2。

表4-2　图标类型代码含义

| 代　　码 | 代码的含义 | 对应的系统常量 |
|---|---|---|
| 16 | 停止图标 | VbCritical |
| 32 | 问号图标 | VbQuestion |
| 48 | 感叹号图标 | VbExclamation |
| 64 | 信息图标 | VbInformatio |

按钮的返回值见表4-3。

表4-3　对话框中按钮的返回值

| 按　钮　名　称 | 返　　回　　值 | 对应的系统常量 |
|---|---|---|
| 确定 | 1 | VbOK |
| 取消 | 2 | VbCancel |
| 终止 | 3 | VbAbort |
| 重试 | 4 | VbRetry |
| 忽略 | 5 | VbIgnore |
| 是 | 6 | VbYes |
| 否 | 7 | VbNo |

（3）MsgBox函数与MsgBox过程是有区别的，MsgBox函数只是语句的一个成分，不能独立存在，但它能提供一个函数返回值，对程序控制非常有用；MsgBox过程可独立存在，它不能提供返回值。若程序中需要返回值，则使用函数，否则可调用过程。

例如：

`MsgBox "确实要删除吗?请选择!"`

执行该语句后屏幕出现一个对话窗口，如图4-3所示。

`MsgBox "确实要删除吗?请选择!", 64+1, "提示"`

执行该语句后屏幕出现一个对话窗口，如图4-4所示。

`Msg1=MsgBox("确实要删除吗?请选择!", 48, "提示")          '(Msg1=1)`

执行该语句后屏幕出现一个对话窗口，如图4-5所示。

图4-3　消息框(a)

图4-4　消息框(b)

图4-5　消息框(c)

```
Msg1=MsgBox("确实要删除吗?请选择!", 48+2, "提示")   '(Msg1=3 或 4 或 5)
```

执行该语句后屏幕出现一个对话窗口,如图 4-6 所示。

```
Msg1=MsgBox("确实要删除吗?请选择!", 16+3, "提示")   '(Msg1=6 或 7 或 2)
```

执行该语句后屏幕出现一个对话窗口,如图 4-7 所示。

图 4-6　消息框(d)

图 4-7　消息框(e)

## 4.2　标准模块

标准模块(Module)包括通用过程和声明部分。

在 Visual Basic 应用程序中,可以有多个标准模块,而且 Sub　Main 过程必须写在标准模块中。

下面以建立 Sub　Main 过程为例,介绍标准模块的创建方法。

**例 4-1**　建立 Sub　Main 过程,计算圆面积。

操作步骤如下:

(1) 在 Visual Basic 系统环境下,依次选择"文件"→"打开工程"菜单选项,打开一个工程(或依次选择"文件"→"新建工程"菜单选项,新建一个工程),如图 4-8 所示。

(2) 在 Visual Basic 系统环境下,依次选择"工程"→"添加模块"菜单选项,打开"添加模块"窗口,如图 4-9 所示。

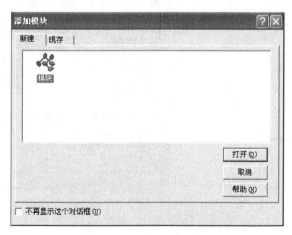

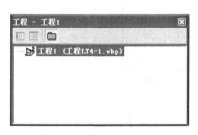
图 4-8　工程管理器窗口

图 4-9　添加模块窗口

（3）在"添加模块"窗口，按"打开"按钮，打开"代码设计"窗口，输入程序代码，如图 4-10 所示。

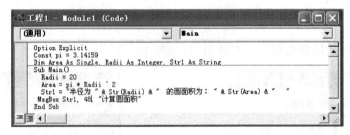

图 4-10　代码设计窗口

模块级变量定义如下：

```
Const pi=3.14159
Dim Area As Single, Radii As Integer, Str1 As String
```

Sub 程序代码如下：

```
Sub Main()
    Radii=20
    Area=pi * Radii ^ 2
    Str1="半径为 " & Str(Radii) & "  的圆面积为：" & Str(Area) & "    "
    MsgBox Str1, 32, "计算圆面积"
End Sub
```

（4）在 Visual Basic 系统环境下，依次选择"工程"→"工程属性"菜单选项，打开"工程属性"窗口，如图 4-11 所示。

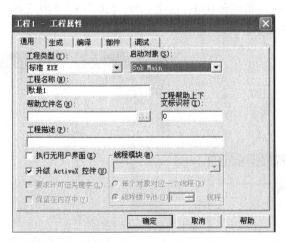

图 4-11　工程属性窗口

（5）在"工程属性"窗口，按"确定"按钮，确定 Sub Main 过程为当前启动对象。

（6）在 Visual Basic 系统环境下，依次选择"运行"→"启动"菜单选项，执行 Sub Main 的结果，如图 4-12 所示。

（7）在 Visual Basic 系统环境下，依次选择"文件"→"保存 Modulel"菜单选项；再依次选择"文件"→"保存工程"菜单选项，结束操作。

在 Visual Basic 应用程序中，通常以 Sub Main 过程为开始程序，通过 Sub Main 过程调用主窗体，控制程序的运行。

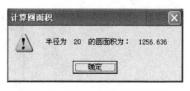

图 4-12　Sub Main 运行结果

## 4.3　窗　　　体

窗体模块简称窗体（Form），它包括事件过程、通用过程和声明部分。什么是窗体？窗体就是呈现于计算机屏幕上的"工作窗口"，或者说在 Windows 应用程序中的每个窗口就是窗体。这些用户界面是通过窗体中放置不同的控件，以及通过对控件的操作，实现不同的程序功能。另外，根据窗体及所含控件属性的不同，窗体的形式也是多样的。在 Visual Basic 应用程序中，窗体是构成程序的核心，是控件的容器和载体。窗体同样也是 Visual Basic 对象的一种形式。本节将介绍窗体的属性、事件和方法。

**1. 窗体常用的属性**

（1）名称（Name）

名称属性是所创建的窗体对象的名称，在程序中，对象名是对象的引用标识，因此，任何对象都具有该属性。用户一旦创建对象，系统将给对象一个默认的名称，用户可根据程序需要更换对象名称。给对象取一个描述性较高的名称，引用与阅读就会十分方便，给程序设计带来许多便利，建议用户按表 2-4 所列出的部分控件命名的约定给对象命名。

（2）Top 和 Left 属性

Top 和 Left 两个属性是设置窗体在屏幕中的位置，如图 4-13 所示。

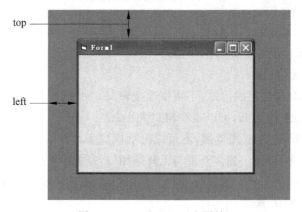

图 4-13　top 和 left 两个属性

（3）Height 和 Width 属性

Height 和 Width 两个属性是设置窗体自身的大小，如图 4-14 所示。

Top、Left、Height、Width 的大小是以 twip（缇）为单位的。

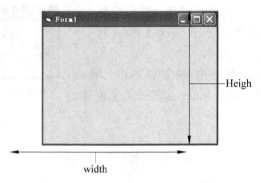

图 4-14   Height 和 Width 两个属性

其中,1twip=1/20 点=1/1440 英寸=1/567cm。

(4) 窗体标题栏属性

Caption 属性：设置窗体标题栏的文本内容,也是当窗体被最小化后出现在窗体图标下的文本。

Icon 属性：设置窗体左上角显示或最小化时显示的图标(此属性必须在 ControlBox 属性设置为 True 才有效)。

ControlBox 属性：设置是否有控件菜单,Ture 为有控件菜单,False 则无。

MaxButton 属性：设置是否有最大化按钮,Ture 为有最大化按钮,False 则无。

MinButton 属性：设置是否有最小化按钮,Ture 为有最小化按钮,False 则无。

以上为窗体标题栏风格属性,如图 4-15 所示。

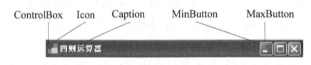

图 4-15   窗体标题栏风格属性

(5) BorderStyle 属性

BorderStyle 属性设置窗体边框风格,其中：

0   None    为无边框；

1   Fixed Single    为单线边框,不可以改变窗口大小；

2   Sizable    为双线边框,可以改变窗口大小；

3   Fixed Double    为双线框架,不可以改变窗口大小；

4   Fixed Tool Window    窗体外观与工具条相似,有关闭按钮,不可以改变窗口大小；

5   Sizable Tool Window    窗体外观与工具条相似,有关闭按钮,可以改变窗口大小。

(6) WindowsState 属性

WindowsState 属性是窗体显示状态。

其中：

0   Normal 为正常窗口状态,有窗口边界；

1   为最小化状态,以图标方式运行；

2  为最大化状态,无边框,充满整个屏幕。

(7) 其他属性

BackColor 属性    设置对象的背景颜色;

Picture 属性    设置窗体中要显示的图片;

ForeColor 属性    设置在对象中显示文本的前景颜色;

FontName 属性    设置在对象中显示文本的字体;

FontSize 属性    设置在对象中显示文本的字体大小;

FontBold 属性    设置在对象中显示文本是否是粗体;

FontItalic 属性    设置在对象中显示文本是否是斜体;

FontStrikeThru 属性    设置在对象中显示文本是否加一删除线;

FontUnderLine 属性    设置在对象中显示文本是否带下划线;

Enabled 属性    设置控件是否可操作,True 为允许用户进行操作,并对操作作出响应,False 为呈灰色,禁止用户进行操作;

Visible 属性    设置控件是否可见,True 为运行时控件可见,False 为运行时控件隐藏,用户看不到,但控件本身是存在的;

AutoRedraw 属性    设置窗体被隐藏或被另一窗口覆盖后重新显示,是否重新还原该窗体被隐藏或覆盖以前的画面,True 为重新还原该窗体以前的画面,False 为不重画。

**2. 窗体常用的方法**

(1) Print 方法:在窗体上输出表达式的值(详见 4.1.2 节)。

(2) Cls 方法:清除在窗体上显示的文本或图形(详见 4.1.2 节)。

(3) Move 方法:移动窗体并可改变其大小(详见 4.1.3 节)。

(4) Show 方法:Show 方法格式为

`<窗体名>.Show`

功能:在屏幕上显示一个窗体。

(5) Hide 方法:Hide 方法格式为

`<窗体名>.Hide`

功能:使指定的窗体隐藏起来,但不从内存中删除窗体。

**3. 窗体常用的事件**

(1) Load:窗体被装入时触发的事件,该事件通常用来在启动应用程序时对属性和变量进行初始化。

(2) Click:单击窗体时触发的事件。

(3) DblClick:双击窗体时触发的事件。

(4) MouseDown:当鼠标按下时触发的事件。

(5) MouseUp:当鼠标释放时触发的事件。

(6) MouseMove:当鼠标移动时触发的事件。

(7) KeyPress:按键盘某一键,释放键盘上一个键时触发的事件,并返回一个

KeyAscii 参数(键盘字符的 Ascii 值)。

**注意**：当 Click 事件产生时，事实上，共产生三个事件，按先后顺序为 MouseDown、Click、MouseUp。

**例 4-2**　创建一个窗体，通过 Form_Load()事件设计窗体的自身属性。程序运行结果如图 4-16 所示。

操作步骤如下：

(1) 新建一个工程，如图 4-17 所示。

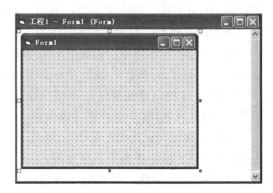

图 4-16　Form_Load()事件　　　　图 4-17　工程管理器窗口

(2) 打开"属性"窗口，更改窗体 Name 属性和 Icon 属性，如图 4-18 所示。

(3) 打开"代码设计"窗口，首先在对象列表中选择 Form 为对象，然后在事件列表选中 Load 事件，并输入程序代码，如图 4-19 所示。

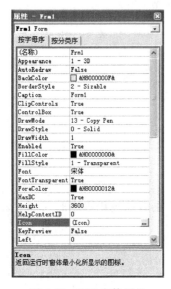

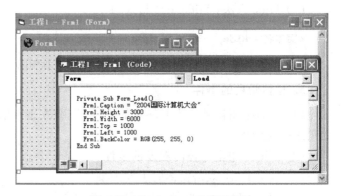

图 4-18　更改窗体属性　　　　图 4-19　Form_Load()代码设计

Form_Load()事件代码如下：

```
Private Sub Form_Load()
```

```
    Frm1.Caption="2004 国际计算机大会"
    Frm1.Height=3000
    Frm1.Width=6000
    Frm1.Top=1000
    Frm1.Left=1000
    Frm1.BackColor=RGB(255, 255, 0)
End Sub
```

（4）运行程序，结果如图 4-16 所示。

（5）保存窗体，保存工程。

**例 4-3**　创建一个窗体，通过 Form_Click()事件改变窗体的大小，程序运行结果如图 4-20和图 4-21 所示。

图 4-20　启动窗体

图 4-21　Form_Click()事件

操作步骤如下：

（1）新建一个工程。

（2）打开"属性"窗口，更改窗体 Name 为 Frm1。

（3）打开"代码设计"窗口，输入程序代码。

Form_Load()事件代码如下：

```
Private Sub Form_Load()
    Frm1.Caption="改变窗体的大小"
    Frm1.Top=1500
    Frm1.Left=1500
    Frm1.Height=4000
    Frm1.Width=6000
End Sub
```

Form_Click()事件代码如下：

```
Private Sub Form_Click()
```

```
    Frm1.Move 500, 500, 4000, 1000
End Sub
```

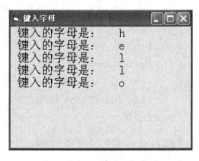

图 4-22    Form_KeyPress()事件

(4) 运行程序,出现如图 4-20 所示窗体,当单击窗体,出现如图 4-21 所示窗体。

(5) 保存窗体,保存工程。

**例 4-4**    创建一个窗体,通过 Form_KeyPress()事件在窗体输出键入的字母,程序运行结果如图 4-22 所示。

操作步骤如下:

(1) 新建一个工程。

(2) 打开"属性"窗口,更改窗体 Name 为 Frm1 及 Font 属性,如图 4-23 所示。

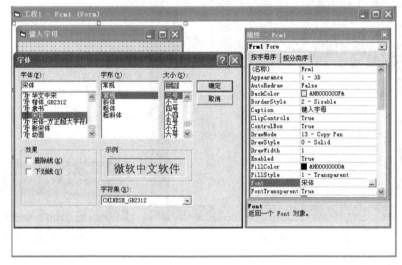

图 4-23    更改窗体属性

(3) 打开"代码设计"窗口,输入程序代码。

Form_KeyPress()事件代码如下:

```
Private Sub Form_KeyPress(KeyAscii As Integer)
    Print Tab(2); "键入的字母是: "; Tab(18); Chr(KeyAscii)
End Sub
```

(4) 运行程序,当键入字母时,出现如图 4-22 所示窗体。

(5) 保存窗体,保存工程。

**例 4-5**    创建两个窗体,通过 Form_Click()事件实现两个窗体的切换,程序运行结果如图 4-24 和图 4-25 所示。

操作步骤如下:

(1) 新建一个工程,创建第一号窗体。

(2) 打开"属性"窗口,更改第一号窗体 Name 为 Frm1 及 Picture 属性。

图 4-24　一号窗体

图 4-25　二号窗体

（3）打开"代码设计"窗口，输入程序代码。

Form_Click()事件代码如下：

```
Private Sub Form_Click()
    Frm2.Show
    Frm1.Hide
End Sub
```

（4）保存第一号窗体。

（5）在 Visual Basic 系统环境下，依次选择"工程"→"添加窗体"菜单选项，创建第二号窗体。

（6）打开"属性"窗口，更改第二号窗体 Name 为 Frm2 及 Picture 属性。

（7）打开"代码设计"窗口，输入程序代码。

Form_Click()事件代码如下：

```
Private Sub Form_Click()
    Frm1.Show
    Frm2.Hide
End Sub
```

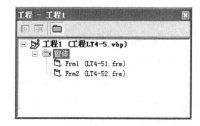

图 4-26　工程资源管理器

（8）保存第二号窗体，保存工程，此时工程资源管理器中有两个窗体，如图 4-26 所示。

（9）运行程序，单击第一号窗体，显示第二号窗体，隐藏第一号窗体；单击第二号窗体，显示第一号窗体，隐藏第二号窗体，如图 4-24 和图 4-25 所示。

## 4.4　基本的内部控件及实例

为了更好地理解和使用 Visual Basic 系统提供给用户的常用控件，下面将分不同的阶段介绍常用控件。本节所介绍的控件是 Visual Basic 应用程序中使用频率很高、设计比较简便的、最基本的控件。

### 4.4.1 标签：显示文本信息

标签(Label)是用于显示文本信息的控件,工具箱中的按钮为 **A**。

**1. 标签的常用属性**

(1) 名称(Name)

Name 是创建的标签对象的名称。

(2) Top 和 Left 属性

Top 和 Left 两个属性是设置标签在容器(窗体、图片、框架、形状等)中的位置。

(3) Height 和 Width 属性

Height 和 Width 两个属性用来设置标签自身的大小。

(4) Caption 属性

Caption 用来改变 Label 控件中显示的文本信息。

(5) BackStyle 属性

BackStyle 设置标签的背景是否透明。其值为 0 时,表示背景透明,标签后的背景和图形可见;其值为 1 时,表示不透明,标签后的背景和图形不可见。

(6) AutoSize 属性

AutoSize 设置标签的大小是否会随 Caption 内容的多少自动改变 Height 和 Width 属性。其值为 True,则随 Caption 内容的大小自动调整标签本身的大小;其值为 False,表示标签的尺寸不能自动调整,超出尺寸范围的内容不显示。

(7) Alignment 属性

Alignment 设置 Caption 文本的对齐方式,其中:

0　Left Justify　　左对齐;

1　Right Justify　　右对齐;

2　Center Justify　居中。

(8) WordWrap 属性

WordWrap 设置标签大小是否扩大,若一行放不下时,可折行显示 Caption 文本,当 AutoSize 为 True 时,WordWrap 折行显示功能才有效。

(9) BorderStyle 属性

BorderStyle 设置标签边框风格。其中:

0　None　　为无边框;

1　Fixed Single　　为单线边框,不可以改变窗口大小。

(10) BackColor 属性

BackColor 设置标签的背景颜色。

(11) Font 属性组

设置在标签的 Caption 内容显示效果属性,包括 FontName、FontSize、FontBold、FontItalic 和 FontStrikeThru。

(12) Enabled 和 Visible 属性

Enabled 和 Visible 与窗体的 Enabled 和 Visible 属性功能相同。

**2. 标签常用的事件**

标签可响应单击(Click)和双击( DblClick)事件。

**例4-6**　创建一个窗体,通过 Label 控件显示文本信息,运行程序的结果如图 4-27 所示。

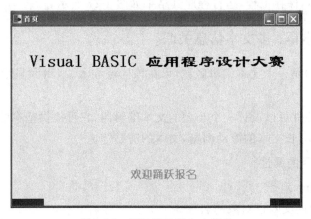

图 4-27　用标签显示文本信息

操作步骤如下:

(1) 新建一个工程和一个窗体。

(2) 打开"属性"窗口,更改 Name 为 Frm1、Caption 属性为"首页"及 Icon 属性。

(3) 在窗体中添加 4 个 Label 控件: Lbl1、Lbl2、Lbl3 和 Lbl4。并定义其主要属性如下。

① Name 为 Lbl1 的属性。

Caption: Visual Basic 应用程序设计大赛

BackStyle: 0

AutoSize: True

FontName: 隶书

ForeColor: &H80000012&

FontSize: 小一

② Name 为 Lbl2 的属性。

Caption: 欢迎踊跃报名

FontName: 幼圆

ForeColor: &H000080FF&

FontSize: 小三

其他属性与 Lbl1 相同。

③ Name 为 Lbl3 的属性。

Caption: 为空白

BackStyle: 1

BackColor: &H00FF0000&

Left: 6600

④ Name 为 Lbl4 的属性。

Left：0

其他属性与 Lbl3 相同。

(4) 保存窗体,保存工程,运行程序其结果如图 4-27 所示。

## 4.4.2　文本框：多文本信息关联

文本框(Text)是一个文本编辑区域,可在该区域输入、编辑和显示文本内容,工具箱中的按钮为 `abl`。

利用文本框控件可以设计一个小型的文本编辑器,它可提供基本的文字处理功能,如文本的插入和选择,长文本的滚动浏览,文本的剪贴等。

### 1. 文本框常用的属性

(1) 名称(Name)

Name 是创建的文本框对象的名称。

(2) Text 属性

Text 是文本框中显示或接收的正文内容。程序运行时,用户可通过键盘输入正文内容,保存在 Text 属性中,也可以使用赋值语句改变 Text 值。

(3) Maxlength 属性

Maxlength 设置正文的最多字符个数,0 表示任意长。

(4) MultiLine 属性

MultiLine 设置正文是否为多行,系统默认 False 不能有多行。

(5) ScrollBars 属性

ScrollBars 属性设置正文内容超长可加滚动条,当 MultiLine 为 True 时,该属性有效。其中：

0　None　　无滚动条；

1　Horizontal　有水平滚动条；

2　Vertical　　有垂直滚动条；

3　Both　　有水平和垂直两种滚动条。

(6) Locked 属性

Locked 设置正文内容是否可被编辑,False 表示为可编辑。

(7) PasswordChar 属性

PasswordChar 设置掩盖文本框中输入的字符的掩码。

(8) SelText 属性

SelText 返回或设置目前所选的文本内容。

(9) SelStart 属性

SelStart 返回或设置目前所选的文本的起始位置。

(10) SelLength 属性

SelLength 返回或设置目前所选的文本的长度。

（11）其他属性

Height、Width、Top、Left、Enabled、Visible、Font、ForeColor、BackColor、FontName、FontSize、FontBold、FontItalic、FontStrikeThru、Alignment 等属性与标签控件相同。

**2. 文本框常用的方法**

SetFocus 方法是文本框最常用的方法。

SetFocus 方法格式如下：

**[<对象名>.]SetFocus**

功能：把光标移到[<对象名>.]指定的文本框上。

**3. 文本框常用的事件**

（1）Change：改变文本框的 Text 属性时触发的事件。

（2）KeyPress：按键盘某一键，并释放键盘上一个键时触发的事件，并返回一个 KeyAscii 参数（键盘字符的 Ascii 值）。

（3）KeyDown：控件获得焦点，或按下键盘某一键时触发的事件。

（4）KeyUp：控件失去焦点，或释放键盘上一个键时触发的事件。

（5）LostFocus：控件失去焦点时触发的事件。

（6）GotFocus：控件获得焦点时触发的事件。

**例 4-7** 创建一个窗体，通过 Text 控件联动显示文本信息，运行程序的结果如图 4-28 所示。

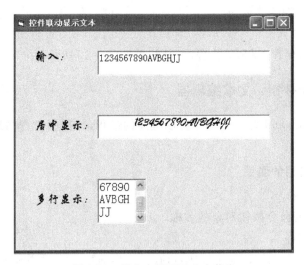

图 4-28　用文本框显示文本信息

操作步骤如下：

（1）新建一个工程及一个窗体。

（2）打开"属性"窗口，更改 Name 为 Frm1，Caption 属性为"控件联动显示文本"。

（3）在窗体中添加 3 个 Label 控件，并定义其属性，请参照例 4-6。

（4）在窗体中添加 3 个 Text 控件，并定义其主要属性如下。

① Name 为 Txt1 的属性。

Text：为空白

FontName：宋体

FontSize：小四

② Name 为 Txt2 的属性。

Text：为空白

FontName：华文行楷

FontSize：小三

Alignment：2

③ Name 为 Txt3 的属性。

Text：为空白

FontName：宋体

FontSize：小三

MultiLine：True

ScrollBars：2

(5) 打开"代码设计"窗口，输入程序代码。

Txt1_Change()事件代码如下：

```
Private Sub Txt1_Change()
    Txt2.Text=Txt1.Text
    Txt3.Text=Txt1.Text
End Sub
```

(6) 保存窗体，保存工程，运行程序，其结果如图 4-27 所示。

### 4.4.3 命令按钮：文本编辑器

命令按钮(CommandButton)用于控制程序的进程，即控制过程的启动、中断或结束，工具箱中的按钮为 ▭。

**1. 命令按钮常用的属性**

(1) 名称(Name)

Name 是创建的命令按钮对象的名称。

(2) Caption 属性

Caption 属性是命令按钮显示标题，可在某字母前加 & 设置快捷键。例如：&Ok，显示为 Ok。

(3) Default 属性

Default 属性设置 Enter 键默认命令按钮。当取值为 True 时，按 Enter 键相当于用鼠标单击该按钮，在一个窗体只能有一个按钮的 Default 属性可设置为 True。

(4) Cancel 属性

Cancel 属性是设置 Esc 键默认命令按钮。当取值为 True 时，按 Esc 键相当于用鼠标单击该按钮,在一个窗体只能有一个按钮的 Cancel 属性可设置为 True。

(5) Style 属性

Style 属性是确定命令按钮显示的风格。

0　Standard　显示文字标题;

1　Graphical　文字、图形均可,可改变 BackColor。

(6) Picture 属性

Picture 属性是设置按钮可用图片文件(. bmp 和. Ico)显示"提示",只有当 Style 属性值设为 1 时该属性方可有效。

(7) ToolTipText 属性

ToolTipText 属性是设置工具栏提示,通常要和 Picture 一起使用。

(8) 其他属性

Height、Width、Top、Left、Enabled、Visible、Font 组属性、BackColor 等与窗体的使用相同。

**2. 命令按钮常用的事件**

Click 事件是单击鼠标时触发的事件;另外也可以使用 Tab 键,将焦点跳转到指定的命令按钮上,再按回车键时触发事件;还可以通过快捷键(Alt＋下划线的字母)触发事件;命令按钮也可触发事件 MouseDown、MouseUp、MouseMove。

**例 4-8**　创建一个"文本编辑器"窗体,通过对不同的 Command 控件进行操作,完成文本编辑功能。程序运行结果如图 4-29 所示。

图 4-29　文本编辑器

操作步骤如下:

(1) 新建一个工程及一个窗体。

(2) 打开"属性"窗口,更改 Name 为 Frm1,Caption 属性为"文本编辑器"。

(3) 在窗体中添加 5 个 Command 控件,并定义其主要属性如下:

① Name 为 CmdCut 的属性。

Caption:剪切

② Name 为 CmdCopy 的属性。

Caption：复制

③ Name 为 CmdPaste 的属性。

Caption：粘贴

④ Name 为 CmdRetry 的属性。

Caption：重试

⑤ Name 为 Cmdquit 的属性。

Caption：结束

(4) 打开"代码设计"窗口，输入程序代码。

定义窗体级变量代码如下：

```
Dim sCopy As String, sInit As String
```

Form_Load()事件代码如下：

```
'窗体初始化
Private Sub Form_Load()
Txts.Text="Visual BASIC 应用程序设计是技术与艺术完美的结合"
Txts.SelStart=Len(Txts.Text)
sInit=Txts.Text
End Sub
```

CmdCut_Click()事件代码如下：

```
'剪切
Private Sub CmdCut_Click()
  sCopy=Txts.SelText
  Txts.SelText=""
End Sub
```

CmdCopy_Click()事件代码如下：

```
'复制
Private Sub CmdCopy_Click()
  sCopy=Txts.SelText
End Sub
```

CmdPaste_Click()事件代码如下：

```
'粘贴
Private Sub CmdPaste_Click()
  Txts.SelText=sCopy
End Sub
```

CmdRetry_Click()事件代码如下：

```
'重试
Private Sub CmdRetry_Click()
  If Txts.Text <>sInit Then Txts.Text=sInit
```

```
End Sub
```

Cmdquit_Click()事件代码如下：

```
'结束程序的运行
Private Sub Cmdquit_Click()
  End
End Sub
```

（5）保存窗体，保存工程，运行程序，结果如图 4-29 所示。

### 4.4.4　时钟：显示时间和日期

时钟（Timer）又称计时器、定时器控件，用于按指定的时间间隔、有规律地执行程序代码，工具箱中的按钮为 。计时器是基于系统内部的计时器计时，在程序运行阶段，时钟控件是不可见的，而设计时出现在窗体中。

**1. 时钟常用的属性**

（1）名称（Name）

Name 是创建的时钟对象的名称。

（2）Interval 属性

Interval 属性返回和设置引发 Timer 事件和时间间隔长度（单位为 ms）。

Interval 的取值范围在 0～64 767，若将 Interval 属性设置为 0 或负数，则计时器停止工作，系统默认值为 0。

（3）Enabled 属性

Enabled 属性决定了 Timer 控件是否开始使用，或停止使用。

当 Enabled 属性设置为 True，而且 Interval 属性值大于 0 时，则计时器开始工作，引发 Timer 事件。

当 Enabled 属性设置为 False 时，Timer 控件无效，计时器停止工作，当 Enabled 属性设置为 True 时，Timer 开始工作，默认设置为 True。

**2. 时钟按钮常用的事件**

时钟按钮常用的事件为 Timer 事件。当 Enabled 属性值为 True，而且 Interval 属性值大于 0 时，以 Interval 属性指定的时间间隔触发事件。

**例 4-9**　创建一个"电子时钟"窗体，通过 Command 控件进行时间和日期的切换，程序运行结果如图 4-30 和图 4-31 所示。

操作步骤如下：

（1）新建一个工程及一个窗体。

（2）打开"属性"窗口，更改 Name 为 Frm1、Caption 属性为"电子时钟"。

（3）在窗体中添加两个 Command 控件和两个 Timer 控件，并定义其主要属性如下。

① Name 为 Cmddate 的属性。

Caption：日期

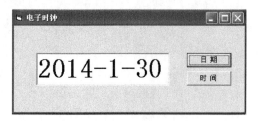

图 4-30   显示日期

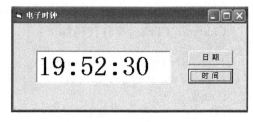

图 4-31   显示时间

② Name 为 Cmdtime 的属性。

Caption：时间

③ Name 为 Tmrdate 的属性。

Enabled：False

Interval：200

④ Name 为 Tmrtime 的属性。

Enabled：False

Interval：200

（4）打开"代码设计"窗口，输入程序代码。

Cmddate_Click( )事件代码如下：

```
Private Sub Cmddate_Click()
    Txtdisplay.Text=""
    Tmrdate.Enabled=True
    Tmrtime.Enabled=False
End Sub
```

Cmdtime_Click()事件代码如下：

```
Private Sub Cmdtime_Click()
    Txtdisplay.Text=""
    Tmrtime.Enabled=True
    Tmrdate.Enabled=False
End Sub
```

Tmrdate_Timer()事件代码如下：

```
Private Sub Tmrdate_Timer()       '显示日期
    Txtdisplay.Text=Date
End Sub
```

Tmrtime_Timer()事件代码如下：

```
Private Sub Tmrtime_Timer()       '显示时间
    Txtdisplay.Text=Time
End Sub
```

（5）保存窗体，保存工程，运行程序，结果如图 4-30 和图 4-31 所示。

### 4.4.5 形状：流动图形

形状(Shape)用于美化窗体、框架或图片框的显示效果,用 Shape 控件可绘画矩形、正方形、椭圆形、圆形、圆角矩形或圆角正方形等图形,工具箱中的按钮为 ⬚。

**形状常用的属性**

(1) 名称(Name)

Name 是创建的形状对象的名称。

(2) Shape 属性

Shape 属性的值决定绘画的图形的形状。其中:

0　Rectangle　绘画的图形是矩形;

1　Square　绘画的图形是正方形;

2　Oval　绘画的图形是椭圆形;

3　Circle　绘画的图形是圆形;

4　Rounded Rectangle　绘画的图形是圆角矩形;

5　Rounded Square　绘画的图形是圆角正方形。

(3) FillStyle 属性

FillStyle 属性设置填充图形的风格。其中:

0　solid　填充的图形是实线;

1　transparent　填充的图形是透明的(系统默认值);

2　horizontal line　填充的图形是水平直线;

3　vertical　填充的图形是垂直直线;

4　upward diagonal　填充的图形是上斜对角线;

5　downward diagonal　填充的图形是下斜对角线;

6　cross　填充的图形是十字线;

7　diagonal cross　填充的图形是交叉对角线。

(4) FillColor 属性

FillColor 属性设置填充图形的颜色。

(5) 其他属性

Height、Width、Top、Left、Enabled、Visible、BackColor 等与窗体的使用相同。

**例 4-10**　创建一个窗体,主体部分如图 4-27 所示窗体相同,再添加多个形状控件,程序运行结果如图 4-32 所示。

操作步骤如下:

(1) 新建一个工程及一个窗体。

(2) 打开"属性"窗口,更改 Name 为 Frm1,Caption 属性为"公告"。

(3) 在窗体中添加 4 个 Label 控件,其主要属性见例 4-6。

(4) 在窗体中添加 4 个 Shape 控件,并定义其主要属性如下:

① Name 为 Shp1 的属性。

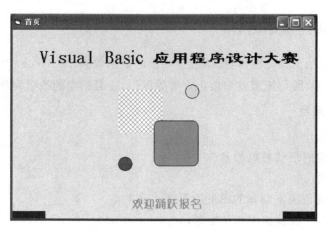

图 4-32　形状控件的应用

BackStyle：1

BorderColor：&H8000000F&

FillStyle：7

FillColor：&H000080FF&

Shape：4

② Name 为 Shp2 的属性。

BackStyle：0

BorderColor：&H80000008&

FillStyle：0

FillColor：&H000080FF&

Shape：5

③ Name 为 Shp3 的属性。

BackStyle：0

BorderColor：&H80000005&

FillStyle：0

FillColor：&H0000FFFF&

Shape：3

④ Name 为 Shp4 的属性。

BackStyle：0

BorderColor：&H80000005&

FillStyle：0

FillColor：&H000000FF&

Shape：3

（5）保存窗体，运行程序，结果如图 4-32 所示。

## 本章的知识点结构

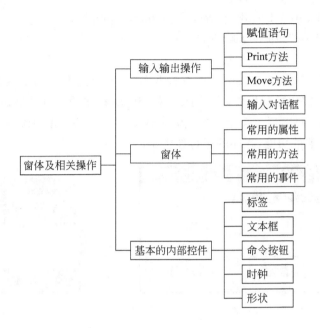

## 习　　题

1. 回答下列问题：

(1) 简述窗体模块与标准模块的异同。

(2) 赋值语句的双重功能是什么？

(3) Print 方法的双重功能是什么？

(4) 窗体的功能及主要属性、事件、方法是什么？

(5) 标签控件的功能及主要属性、事件是什么？

(6) 文本框控件的功能及主要属性、事件、方法是什么？

(7) 命令按钮控件的功能及主要属性、事件、方法是什么？

(8) 时钟控件的功能及主要属性、事件、方法是什么？

(9) 形状控件的功能及主要属性、事件、方法是什么？

(10) 标签控件与文本框控件主要的不同之处是什么？

2. 指出下列语句、方法的错误。

(1) a, b＝3＋5

(2) 3＋5＝a

(3) Print b＝3＋5

(4) Command1. Cls

(5) a＝MsgBox "请选择!"，64＋1，"提示"

(6) Frm1. BackColor＝QBColor(20)

(7) Cmd1. Show

(8) Lbl1. Alignment＝"居中"

(9) Frm1. Picture＝LoadPicture(c:\qhvblt\t1. bmp)

(10) Shp1. ForeColor＝QBColor(12)

3. 编写程序。

(1) 设计一个窗体,通过 2 个文本框接收数据,1 个文本框输出数据,2 个标签显示(＋、＝),3 个命令按钮控制操作,实现加法器的功能,程序的运行结果如图 4-33 所示。

(2) 设计一个窗体,通过 1 个文本框输出数据,3 个命令按钮控制文本框内数据的操作,实现文本编辑器的功能,程序的运行如图 4-34 所示。

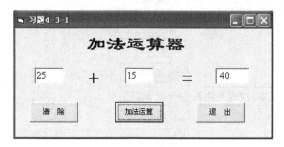

图 4-33　加法器

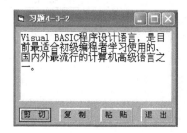

图 4-34　文本编辑器

(3) 设计一个窗体,依靠 1 个时钟,使 4 个标签(或 4 个形状)为蓝色、紫色、黄色、绿色彩条,有规律地移动,同样依靠时钟,使 2 个分别显示"快乐"、"学习"的标签,有规律地进行词组交换,程序的运行结果如图 4-35 所示。

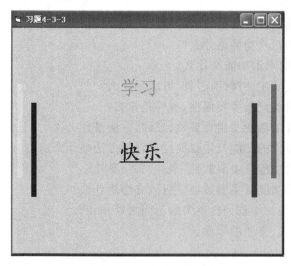

图 4-35　流动标签

# 第 5 章　程序基本控制结构

Visual Basic 的应用程序有两个特点：一是具有程序控制流模式，由顺序、分支、循环、过程和用户自定义函数构成基本结构，每一个基本结构可以包含一个或多个语句；二是具有面向对象可视化的结构程序模块，在每个模块的内部也是由程序控制流组成。

本章将介绍常见的程序控制结构：顺序结构、分支结构、循环结构。有关过程和用户自定义函数的内容将在第 7 章中介绍。

## 5.1　顺序结构

顺序结构是在程序执行时，根据程序中语句的书写顺序依次执行的语句序列。

前面各章节所举的例题，基本上都是由顺序结构的语句组成的事件过程。在程序中经常使用的顺序结构的语句有：赋值语句(＝)、输入输出语句(Print、Cls)、注释语句('或 Rem)、终止程序(End)等。

顺序结构语句的流程如图 5-1 所示。

说明：

(1) Print 方法中只有当 AutoRedraw 属性为 True 时，在 Form_Load()才有效，AutoRedraw 属性系统默认为 False。

上例若不改变 AutoRedraw 属性，事件代码通常要通过 Form_Click()事件驱动。

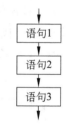

图 5-1　顺序结构语句的流程图

(2) Tab(N)和 Spc(N)是两个不同的函数，Tab(N)是将输出元素定位在距窗体左边 N 个字符位；而 Spc(N)是确定两个输出元素之间间隔多少字符位。

### 5.1.1　字符输入与输出

**例 5-1**　以对话方式输出字符串。如图 5-2 和图 5-3 所示。

图 5-2　输入字符

图 5-3　输出字符

操作步骤如下：

（1）设计窗体 Name 属性为 Frm1，Caption 属性为"输出字符串"。

（2）添加 Txt1 和 Lbl1 两个控件，并设计属性。

（3）打开"代码设计"窗口，输入程序代码。

Form_Load()事件代码如下：

```
Private Sub Form_Load()
    Txt1.Text="  "
    Txt1.Visible=True
End Sub
```

Form_Click()事件代码如下：

```
Private Sub Form_Click()
    Txt1.Visible=False
    Lbl1.Caption=Txt1.Text & ",祝您快乐!"
End Sub
```

（4）保存窗体，运行程序，结果如图 5-2 和图 5-3 所示。

**例 5-2**  在窗体中输出一个由字符拼凑的图形，如图 5-4 所示。

操作步骤如下：

（1）设计窗体 Name 属性为 Frm1，Caption 属性为"用字符拼凑的图形"。

（2）打开"代码设计"窗口，输入程序代码。

Form_Load()事件代码如下：

图 5-4  字符拼凑的图形

```
Private Sub Form_Load()
    Frm1.AutoRedraw=True
    Print
    Print Tab(9); "★★★★"; Spc(2); "★★★★"
    Print Tab(8); "★★★★"; Spc(4); "★★★★"
    Print Tab(7); "★★★★"; Spc(6); "★★★★"
    Print Tab(6); "★★★★"; Spc(8); "★★★★"
End Sub
```

（3）保存窗体，运行程序，结果如图 5-4 所示。

### 5.1.2  信息交换

**例 5-3**  给窗体中的两个文本框中各输出一串字符，按"交换"按钮，实现两个文本框内容的交换，如图 5-5 所示。

操作步骤如下：

（1）设计窗体 Name 属性为 Frm1，Caption 属性为"文本框信息交换"。

（2）添加 Txt1、Txt2、Lbl1、Cmd1、Cmd2 等控件，并设计属性。

（3）打开"代码设计"窗口，输入程序代码。

Cmd1_Click()事件代码如下：

```
Private Sub Cmd1_Click()
    t=Txt1.Text
    Txt1.Text=Txt2.Text
    Txt2.Text=t
End Sub
```

Cmd2_Click()事件代码如下：

```
Private Sub Cmd2_Click()
    End
End Sub
```

图 5-5　文本框信息交换

（4）保存窗体，运行程序，结果如图 5-5 所示。

事实上，绝大多数实际应用问题仅用顺序结构是无法解决的，因此还要用到分支结构、循环结构、过程及函数等程序结构。

## 5.2　分　支　结　构

分支结构是在程序执行时，根据不同的条件，选择执行不同的程序语句，用来解决有选择、有转移的诸多问题。分支结构是 Visual Basic 系统程序的基本结构之一，分支语句是非常重要的语句，其基本形式有如下几种。

### 5.2.1　If 语句

If 语句又称为分支语句，它有单路分支结构和双路分支结构两种格式。

**1. 单路分支**

单路分支的语句格式如下。

格式一：

```
If <表达式>Then
    <语句序列>
End If
```

格式二：

```
If <表达式>Then  <语句>
```

功能：先计算<表达式>的值，当<表达式>的值为 True 时，执行<语句序列>/<语句>中的语句，执行完<语句序列>/<语句>，再执行 IF 语句的下一条语句；否则，直接执行 If 语句的下一条语句。

单路分支语句的流程，如图 5-6 和图 5-7 所示。

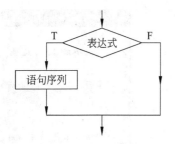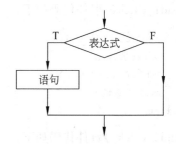

图 5-6　单路分支语句的流程图(格式一)　　　图 5-7　单路分支语句的流程图(格式二)

### 2. 双路分支

双路分支的语句格式如下。

格式一:

```
If <表达式>Then
    <语句序列 1>
Else
    <语句序列 2>
End If
```

格式二:

```
If <表达式>Then   <语句 1>Else   <语句 2>
```

功能:先计算<表达式>的值,当<表达式>的值为 True 时,执行<语句序列 1>/
<语句 1>中的语句;否则,执行<语句序列 2>/<语句 2>中的语句;执行完<语句序
列 1>/<语句 1>或<语句序列 2>/<语句 2>后再执行 If 语句的下一条语句。

双路分支语句的流程,如图 5-8 和图 5-9 所示。

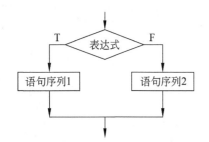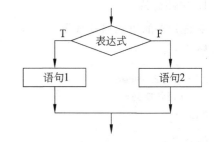

图 5-8　双路分支语句的流程图(格式一)　　　图 5-9　双路分支语句的流程图(格式二)

### 3. 使用分支语句应注意的问题

(1) <条件表达式>可以是关系表达式,也可以是逻辑表达式,还可以是取值为逻辑
值的常量、变量、函数及对象的属性。

(2) <语句序列>中的语句可以是 Visual Basic 任何一个或多个语句,因此,同样还
可以有 If 语句,可以是由多个 If 语句组成的嵌套结构。

(3) 若不是单行 If 语句时,If 必须与 End If 配对使用。

### 5.2.2　Select 语句

Select 语句又称多路分支语句,它是根据多个表达式列表的值,选择多个操作中的一个对应执行。

#### 1. 多路分支

多路分支的语句格式如下:

```
Select    Case <表达式>
    Case <表达式值列表 1>
        <语句序列 1>
    Case <表达式值列表 2>
        <语句序列 2>
        ⋮
    Case <表达式值列表 n>
        <语句序列 n>
    [Case Else
        <语句序列 n+1>]
End Select
```

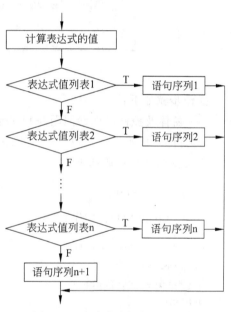

图 5-10　多路分支语句的流程图

功能:该语句执行时,根据<表达式>从上到下依次检查 n 个<表达式值列表>,如果有一个与<测试表达式>的值相匹配,选择 n+1 个<语句序列>中对应的一个执行,当所有 Case 中的<表达式值列表>中没有与<测试表达式>的值相匹配时,如果有 Case Else 项,则执行<语句序列 n+1>,再执行 End Select 后面的下一条语句;否则,直接执行 End Select 后面的下一条语句。

多路分支语句的流程,如图 5-10 所示。

#### 2. 使用多路分支语句应注意的问题

(1)<测试表达式>可以是各类表达式,还可以是取值常数的常量、变量、函数及对象的属性。

(2)<语句序列>中的语句是 Visual Basic 系统程序的任何语句,因此,同样还可以有 If、Select Case 语句,可以是由多个 If、Select Case 语句组成的嵌套结构。

(3) Select Case 与 End Select 必须配对使用。

### 5.2.3　应用实例

#### 1. 系统登录窗体

**例 5-4**　设计一个系统登录窗体,通过文本框输入用户、密码,由命令按钮控件的事件代码验证用户、密码。若用户、密码正确则显示提示,用户、密码错误可再次输入。当连续 3 次输入的用户、密码皆有误,将退出系统,如图 5-11 所示。

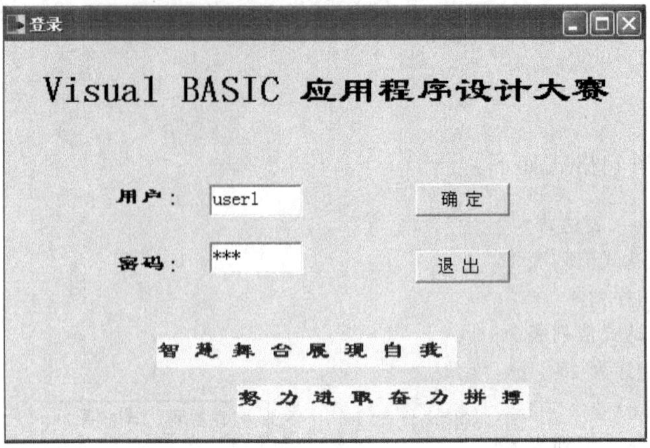

图 5-11　系统登录窗体

操作步骤如下:

(1) 窗体及控件属性参照图 5-11 设计。

(2) 打开"代码设计"窗口,输入程序代码。

定义窗体变量代码如下:

```
Dim I As Integer
```

Form_Load()事件代码如下:

```
Private Sub Form_Load()
    frm1.Show
    Txtuser.SetFocus
End Sub
```

Tmr1_Timer()事件代码如下:

```
Private Sub Tmr1_Timer()
    Lbl3.Left=Lbl3.Left-20
    If Lbl3.Left <=0 Then
        Lbl3.Left=8310-3385
    End If
    Lbl2.Left=Lbl2.Left+20
    If Lbl3.Left>=8310-3385 Then
        Lbl2.Left=0
    End If
End Sub
```

Cmdok_Click()事件代码如下:

```
Private Sub Cmdok_Click()
```

```
    I=I+1
    If Trim(Txtuser.Text)="user1" And Trim(Txtpassword.Text)="111" Then
        MsgBox "登录成功", 48+1, "提示"
    Else
        MsgBox "输入错误,请重新输入", 32+1, "提示"
        If I=3 Then
            MsgBox "对不起,您无权使用本系统!", 16+1, "提示"
            End
        End If
    End If
End Sub
```

Cmdquit_Click()事件代码如下:

```
Private Sub Cmdquit_Click()
    End
End Sub
```

(3) 保存窗体,运行程序,结果如图 5-11 所示。

**2. 图形动画**

**例 5-5**　设计一个窗体,当运行程序时,自动展开窗体,窗体中的两个方形的形状控件有规律地移动,两个圆形的形状控件随机地改变颜色,命令按钮控件可控制 4 个形状控件运动,如图 5-12 所示。

操作步骤如下:

(1) 窗体及控件属性参照图 5-12 设计。

(2) 打开"代码设计"窗口,输入程序代码。

Form_Load()事件代码如下:

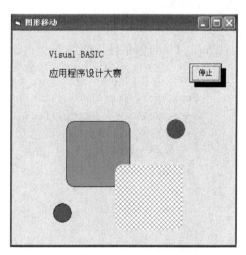

图 5-12　图形移动窗体

```
Private Sub Form_Load()        '窗体初始化
    Frm1.Width=0
    Frm1.Height=0
    Frm1.Left=5000
    Frm1.Top=5000
    Tmr2.Enabled=False
    Tmr1.Interval=100
    Tmr2.Interval=100
    Lbl1.Caption=vbCr+vbLf+"Visual BASIC"+vbCr+vbLf+_
    vbCr+vbLf+"应用程序设计大赛"
End Sub
```

Cmdstop_Click()事件代码如下:

```
Private Sub Cmdstop_Click()                '停止 4 个形状运动
    Tmr2.Enabled=False
```

```
        Tmr3.Enabled=False
End Sub
```

**Tmr1_Timer()事件代码如下:**

```
Private Sub Tmr1_Timer()                    '横向展开窗体
    Frm1.Width=Frm1.Width+100
    Frm1.Left=Frm1.Left-50
    If Frm1.Width>=6000 Then
        Tmr1.Enabled=False
        Tmr2.Enabled=True
    End If
End Sub
```

**Tmr2_Timer()事件代码如下:**

```
Private Sub Tmr2_Timer()                    '纵向展开窗体
    Frm1.Height=Frm1.Height+100
    Frm1.Top=Frm1.Top-50
    If Frm1.Height>=6000 Then
        Tmr2.Enabled=False
    End If
End Sub
```

**Tmr3_Timer()事件代码如下:**

```
Private Sub Tmr3_Timer()                    '控制形状运动
    Shp1.BackColor=QBColor(Int(Rnd*15))
    Shp4.BackColor=QBColor(Int(Rnd*15))
    If Shp2.Top>2280 Then
        Shp2.Left=Shp2.Left-50
        Shp2.Top=Shp2.Top-50
    Else
        Shp2.Top=3480
        Shp2.Left=2520
    End If
    If Shp3.Top<3480 Then
        Shp3.Left=Shp3.Left+50
        Shp3.Top=Shp3.Top+50
    Else
        Shp3.Top=2280
        Shp3.Left=1560
    End If
End Sub
```

(3) 保存窗体,运行程序,结果如图 5-12 所示。

### 3. 成绩评定

**例 5-6** 设计一个窗体,通过文本框接收数据,计算期末总成绩、平均成绩,再评定等级。等级评定标准是:平均分 91～100 为"优秀",平均分 81～90 为"良好",平均分 60～80 为"中等",平均分 60 以下为"差",如图 5-13 所示。

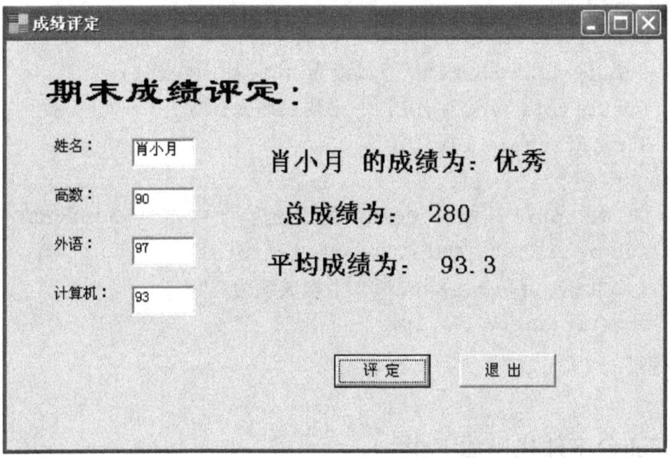

图 5-13 文本框接收数据窗体

操作步骤如下:

(1)窗体及控件属性参照图 5-13 设计。

(2)打开"代码设计"窗口,输入程序代码。

定义窗体变量代码如下:

```
Dim I As Integer, total As Single, aver As Single
```

Form_Load()事件代码如下:

```
Private Sub Form_Load()
    frm1.Show
    Txt1.SetFocus
End Sub
```

Cmdassess_Click()事件代码如下:

```
Private Sub Cmdassess_Click()
    total=Val(Txt2.Text)+Val(Txt3.Text)+Val(Txt4.Text)
    aver=total/3
    Select Case Int(aver/10)
        Case 9
            Lbl6.Caption=Txt1.Text+ "的成绩为: "+"优秀"+_
            vbCr+vbLf+vbCr+vbLf+"  总成绩为: "+Str(total) _
            +vbCr+vbLf+vbCr+vbLf+" 平均成绩为: "+_
            Str(Int(aver * 10)/10)
```

```
    Case 8
        Lbl6.Caption=Txt1.Text+"的成绩为："+"良好"+vbCr _
        +vbLf+vbCr+vbLf+"  总成绩为:: "+Str(total) _
        +vbCr+vbLf+vbCr+vbLf+"平均成绩为："+_
        Str(Int(aver * 10)/10)
    Case Is>5
        Lbl6.Caption=Txt1.Text+"的成绩为："+"中等"+vbCr _
        +vbLf+vbCr+vbLf+"  总成绩为:: "+Str(total) _
        +vbCr+vbLf+vbCr+vbLf+"平均成绩为："+_
        Str(Int(aver * 10)/10)
    Case Is<6
        Lbl6.Caption=Txt1.Text+"的成绩为："+"差"+vbCr+vbLf_
        +vbCr+vbLf+"  总成绩为:: "+Str(total) _
        +vbCr+vbLf+vbCr+vbLf+"平均成绩为："+_
        Str(Int(aver * 10)/10)
    End Select
End Sub
```

Cmdquit_Click()事件代码如下：

```
Private Sub Cmdquit_Click()
    End
End Sub
```

（3）保存窗体，运行程序，结果如图 5-13 所示。

**4. 自然数之和**

**例 5-7**　设计一个窗体，输出 1～100 之间自然数之和，如图 5-14 所示。

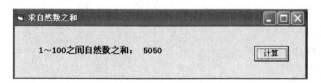

图 5-14　计算自然数之和

操作步骤如下：

（1）窗体及控件属性参照图 5-14 设计。

（2）打开"代码设计"窗口，输入程序代码。

定义窗体变量代码如下：

```
Dim i As Integer, sum As Integer
```

Cmd1_Click()事件代码如下：

```
Private Sub Cmd1_Click()
    sum=0
    i=1
```

```
Loop1: sum=sum+i
       i=i+1
       If i>100 Then GoTo loop2
       GoTo Loop1
  loop2: Lbl1.Caption="1~100 之间自然数之和： " & Str(sum)
End Sub
```

（3）保存窗体，运行程序，结果如图 5-14 所示。

# 5.3　循　环　结　构

顺序、分支结构在程序执行时，每个语句只能执行一次，循环结构则能够使某些语句或程序段重复执行若干次。如果某些语句或程序段需要在一个固定的位置上重复操作，使用循环语句是最好的选择。

## 5.3.1　For 语句

For 循环语句又称"计数"型循环控制语句，它以指定的次数重复执行一组语句。

### 1. For 语句

For 语句的格式如下：

```
For <循环变量>=<初值>to <终值>[Step   <步长>]
    <循环体>
    [Exit For]
Next <循环变量>
```

功能：用循环计数器<循环变量>来控制<循环体>内的语句的执行次数。

执行该语句时，首先将<循环变量初值>赋给<循环变量>，然后判断<循环变量>是否"超过"<循环变量终值>，若结果为 True 时，则结束循环，执行 Next 后面的下一条语句；否则，执行<循环体>内的语句，再将<循环变量>自动按<循环变量步长>增加或减少，再重新判断<循环变量>当前的值是否"超过"<循环变量终值>，若结果为 True 时，则结束循环，重复上述过程，直到其结果为真。

For 语句的流程，如图 5-15 和图 5-16 所示。

### 2. 使用 For 语句应注意的问题

（1）<循环变量>是数值类型的变量，通常引用整形变量。

（2）<初值>、<终值>、<步长>是数值表达式，如果其值不是整数时，系统会自动取整，<初值>、<终值>、<步长>3 个参数的取值，决定了<循环体>的执行次数（计算公式为：循环次数＝Int(((<终值>－<初值>)/<步长>)+1)。

（3）<步长>可以是<循环变量>的增量，通常取大于 0 或小于 0 的整数，其中：

当<步长>大于 0 时，<循环变量>"超过"<循环变量终值>，意味着<循环变量>大于<循环变量终值>；

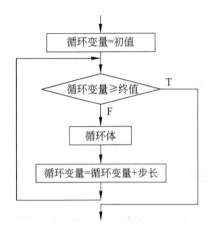
图 5-15  FOR 语句的流程图(步长＞0)

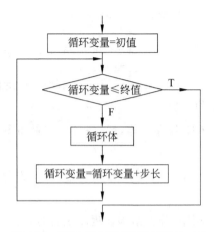
图 5-16  FOR 语句的流程图(步长＜0)

当＜步长＞小于 0 时,＜循环变量＞"超过"＜循环变量终值＞,意味着＜循环变量＞小于＜循环变量终值＞;

当＜步长＞等于 0 时,要使用分支语句和 Exit For 语句控制循环结束。

(4)＜循环体＞可以是 Visual Basic 任何一个或多个语句。

(5)[Exit For]是出现在＜循环体＞内的退出循环的语句,它一旦在＜循环体＞内出现,就一定要有分支语句控制它的执行。

(6) Next 中的＜循环变量＞和 For 中的＜循环变量＞是同一个变量。

### 5.3.2  While 语句

While 语句又称"当"型循环控制语句,它是通过"循环条件"控制重复执行一组语句。

#### 1. While 语句

While 语句的格式如下:

```
While  <循环条件>
    <循环体>
Wend
```

功能:当＜循环条件＞为 True 时,执行＜循环体＞内的语句,遇到 Wend 语句后,再次返回,继续测试＜循环条件＞是否为 True,直到＜循环条件＞为 False,执行 Wend 语句的下一条语句。

While 语句的流程,如图 5-17 所示。

#### 2. 使用 Do 语句应注意的问题

(1) Do…Loop { While | Until }语句不管＜循环条件＞是否为 True,先执行一次＜循环体＞内的语句,然后再判断＜循环条件＞决定以后的操作。

(2) Do{ While | Until }…Loop 语句是先判断＜循环

图 5-17  While 语句的流程图

条件＞是否为 True,然后再决定是否执行＜循环体＞内的语句。

（3）在循环体内,通过分支语句,可使用 Exit Do 语句终止循环。

（4）Do…Loop ｛ While｜Until ｝必须配对使用。

（5）Do｛ While｜Until ｝…Loop 必须配对使用。

### 5.3.3 应用实例

#### 1. 输出七彩字

**例 5-8** 设计一个窗体,通过循环变量的变化,输出七彩字,如图 5-18 所示。

操作步骤如下:

（1）窗体属性参照图 5-18 设计。

（2）打开"代码设计"窗口,输入程序代码。

定义窗体变量代码如下:

```
Dim i As Integer, green As Integer, blue As Integer
```

Form_Click()事件代码如下:

图 5-18 输出七彩字窗体

```
Private Sub Form_Click()
    FontBold=True
    FontName="Arial"
    FontSize=36
    Randomize
    For i=1 To 800
        green=Int(255*Rnd+1)
        blue=Int(255*Rnd+1)
        red=Int(255*Rnd+1)
        CurrentX=500+i                'Print 表达式输出的横坐标
        CurrentY=500+i                'Print 表达式输出的纵坐标
        ForeColor=RGB(red, green, blue)
        Print "hello"
    Next i
End Sub
```

（3）保存窗体,运行程序,结果如图 5-18 所示。

#### 2. 计算阶乘

**例 5-9** 设计一个窗体,输入任意数 N,求 P 的值(既 N 阶乘 P＝N!),如图 5-19 所示。

操作步骤如下:

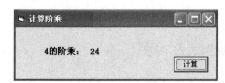

图 5-19 计算阶乘

（1）窗体及控件属性参照图 5-19 设计。

（2）打开"代码设计"窗口,输入程序代码。

定义窗体变量代码如下:

```
Dim i As Integer, n As Integer, fac
As Single
```

Cmd1_Click()事件代码如下：

```
Private Sub Cmd1_Click()
    n=InputBox("请输入自然数 N：", "输入")
    fac=1
    i=1
    While i<=n
        fac=fac*i
        i=i+1
    Wend
    Lbl1.Caption=Str(n) & "的阶乘：" & Str(fac)
End Sub
```

(3) 保存窗体，运行程序，结果如图 5-19 所示。

### 3. 求数列

**例 5-10**  设计一个窗体，输出 30 个数的数列(1,2,3,5,8…)，如图 5-20 所示。

操作步骤如下：

(1) 窗体属性参照图 5-20 设计。

(2) 打开"代码设计"窗口，输入程序代码。

定义窗体变量代码如下：

```
Dim a As Single, b As Single, i As Integer
```

Form_Click()事件代码如下：

```
Private Sub Form_Click()
    a=1
    b=2
    i=1
    Print
    Do
        Print Tab(2); a; Tab(20); b;
        a=a+b
        b=a+b
        If Int(i/2)=i/2 Then Print
        i=i+1
    Loop Until i>15
End Sub
```

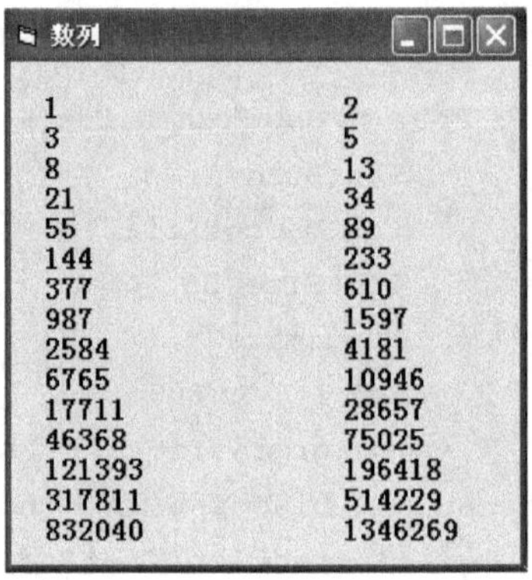

图 5-20　输出 30 个数的数列

(3) 保存窗体，运行程序，结果如图 5-20 所示。

### 4. 九九表

**例 5-11**  设计一个窗体，计算并打印九九表，如图 5-21 所示。

操作步骤如下：

(1) 窗体属性参照图 5-21 设计。

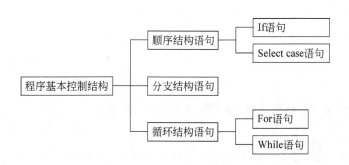

图 5-21 打印九九表

（2）打开"代码设计"窗口，输入程序代码。

定义窗体变量代码如下：

```
Dim i As Integer, j As Integer
```

Form_Click()事件代码如下：

```
Private Sub Form_Click()
    j=1
    i=1
    Print
    Do Until i>9
        Do Until j>i
            Print Tab(j * 8); j & " * " & i & " = " & i * j;
            j=j+1
        Loop
        Print
        j=1
        i=i+1
    Loop
End Sub
```

（3）保存窗体，运行程序，结果如图 5-21 所示。

# 本章的知识点结构

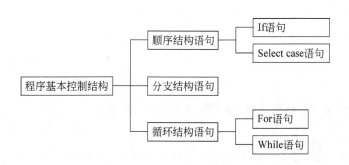

## 习　　题

1. 回答下列问题：

(1) 分支结构语句有几个,它们有什么区别?

(2) 循环结构语句有几个,它们有什么区别?

(3) 使用分支结构语句需要注意什么?

(4) 使用循环结构语句需要注意什么?

(5)循环结构语句的功能可以使用什么控件"替代",它们各有什么优点?

2. 指出下列语句的错误。

(1) 窗体中有一个命令按钮,其 Click( )事件代码如下:

```
Private Sub Cmd1_Click()
    Dim x As Integer
    x=5
    If x>=0 Then   x^2
End Sub
```

(2) 窗体中有一个命令按钮,其 Click()事件代码如下:

```
Option Explicit
Private Sub Cmd1_Click()
    x=5
    If x>=0 Then x=x+5
    Print x
End Sub
```

(3) 窗体中有一个命令按钮,其 Click()事件代码如下:

```
Private Sub Cmd1_Click()
    Dim k As Integer, s As Integer, i As Integer
    s=0
    k=0
    For i=1 To 100
    If (i Mod 7)=0 Then
    k=k+1
    s=s+i
    Next i
    End If
    Print k, s
End Sub
```

(4) 窗体中有一个命令按钮,其 Click()事件代码如下:

```
Private Sub Cmd1_Click()
    Dim x As Integer, y As Integer, s As Integer, i As Integer
```

```
    Dim t As Single
    i=0
    x=1
    y=2
    Do While i <=10
        s=s+y/x
        t=y
        y=x+y
        x=t
    Loop
    Print s
End Sub
```

(5) 窗体中有一个命令按钮,其 Click()事件代码如下:

```
Private Sub Cmd1_Click()
    Dim i As Integer, j As Integer, k As Integer, x As Integer
    For i=1 To 10
    For j=1 To 10
    For k=1 To 10
    x=x+1
    Next j
    Next i
    Next k
End Sub
```

3. 在窗体上添加一个命令按钮,根据命令按钮 Click 事件代码,写出下列语句的运行结果。

(1) Cmd1_Click()事件代码如下:

```
Private Sub Cmd1_Click()
    Dim x As Integer
    x=InputBox("输入一个整数: ")
    If x>=0 print 1 else print-1
    Print x
End Sub
```

(2) Cmd1_Click()事件代码如下:

```
Private Sub Cmd1_Click()
    Dim x As Integer, i As Integer
    x=3
    For i=3 To 50
        x=x+i\3
    Next i
    Print x
End Sub
```

（3）Cmd1_Click()事件代码如下：

```
Private Sub Cmd1_Click()
    Dim x As Integer, y As Integer, i As Integer
    x=1
    y=2
    Do Until y>500
        Print x, y
        x=x+y
        y=x+y
    Loop
    Print x
End Sub
```

4．编写程序。

（1）输出任意两个数中最大的数。

（2）输出任意 10 个数中负数的个数，偶数的个数，奇数的和。

（3）求 S 的值。$S=1+(1+2)+(1+2+3)+(1+2+3+4)+\cdots+(1+2+3+4+\cdots+N)$（令 $N=50$）

（4）求 P 的值。$P=1+2!+3!+4!+5!+6!+7!+8!+9!+10!$

（5）输出 1～100 自然数中被 3 整除的数据的个数及它们的和。

（6）设计一个窗体，添加一个命令按钮，当单击"显示"按钮时，结果如图 5-22 所示。

（7）设计一个窗体，添加一个命令按钮，当单击"显示"按钮时，结果如图 5-23 所示。

图 5-22　打印数字图形

图 5-23　打印数字图形

（8）已知有 5 位学生参加 3 门课程的考试，成绩如表 5-1 所示。

表 5-1　某学期学生考试成绩

| 学　　号 | 课程 1 | 课程 2 | 课程 3 |
| --- | --- | --- | --- |
| 1 | 78 | 67 | 90 |
| 2 | 90 | 89 | 87 |
| 3 | 67 | 65 | 69 |
| 4 | 90 | 80 | 75 |
| 5 | 84 | 78 | 84 |

　　设计一个窗体,输出 3 门课程的平均分,每位学生的平均分,当单击"成绩录入"按钮时,一边输入成绩,一边计算平均分,程序运行结果如图 5-24 所示。

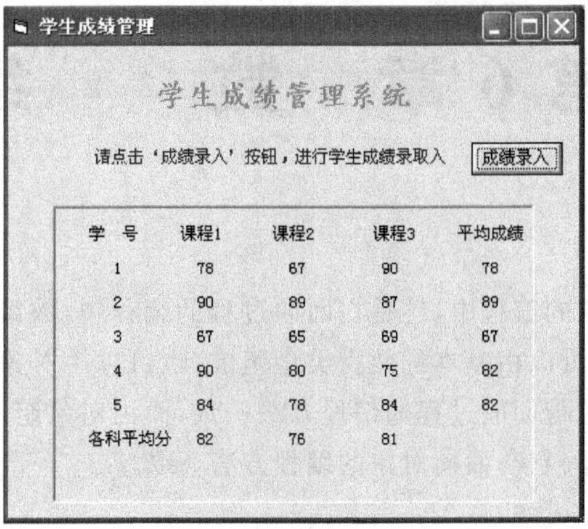

图 5-24　计算学生成绩

# 第6章 数　　组

无论是在面向对象的编程中,还是在面向过程的编程中,数组都是常用的数据结构,Visual Basic 中的数组可以由基本的数据类型组成,也可以由对象组成;由基本的数据类型组成的数组在使用时与面向过程的编程方法一致,而由对象组成的数组在使用时要增加一个创建对象的操作,它与面向对象的编程方法一致。

## 6.1　数组概述

数组不是一种数据类型,而是一组有序基本类型变量的集合,数组的使用方法与内存变量相同,但功能远远超过内存变量。

### 1. 数组特点

Visual Basic 中的数组有以下主要特点:

(1) 数组是一组相同类型的元素的集合。

(2) 数组中各元素有先后顺序,它们在内存中按排列顺序连续存储在一起。

(3) 所有的数组元素是用一个变量名命名的集合体,而且每个数组元素在内存中独占一个内存单元,可视同为一个内存变量。为了区分不同的数组元素,每一个数组元素都是通过数组名和下标来访问的,如 A(1,2)、B(5)。

(4) 使用数组时,必须对数组进行"声明",即先声明后使用。所谓"声明",就是对数组名、数组元素的数据类型、数组元素的个数进行定义。

### 2. 数组类型

Visual Basic 中的数组按不同的方式可分为以下几类:

(1) 按数组所占存储空间的不同可分为静态数组、动态数组。

静态数组:数组所占用的内存空间是固定不变的;

动态数组:数组所占用的内存空间是可变的。

(2) 按数组的维数可分为一维数组、二维数组、多维数组。

一维数组:变量名相同,单下标不同的一组元素的集合;

二维数组:变量名相同,双下标不同的一组元素的集合;

多维数组:变量名相同,多下标不同的一组元素的集合。

（3）按元素的数据类型可分为数值型数组、字符串数组、日期型数组、变体型数组、自定义型数组等。

数值型数组：数组元素是 Integer、Long、Single 等类型变量的集合；

字符串数组：数组元素是 String 类型变量的集合；

日期型数组：数组元素是 Date 类型变量的集合；

变体型数组：数组元素是 Variant 类型变量的集合；

自定义型数组：数组元素是自定义类型变量的集合。

（4）按数组的功能可分为变量数组、控件数组。

变量数组：数组元素是同类型变量的集合；

控件数组：数组元素是同类型对象的集合。

## 6.2 数 组 声 明

在计算机中，数组占有一组内存单元，数组用一个统一的名字（数组名）代表一组内存单元区域的名称，每个元素的下标变量用来区分数组元素在内存单元区域的位置。对数组进行声明，其目的就是确定数组占有内存单元区域的大小。下面分别介绍静态数组、动态数组的声明语句。

在程序中使用静态数组，就是给静态数组定义名称、类型、数组的维数及元素的个数，这些都要通过对静态数组进行声明的语句来完成。

**1. 声明静态数组**

声明静态数组语句格式如下：

格式一：

Dim | Public | Private| Static 变量名(下标 1 的上界) [AS 类型/类型符]

　　[,变量名(下标 2 的上界) [AS 类型/类型符]]

　　……[,变量名(下标 n 的上界) [AS 类型/类型符]]

格式二：

Dim | Public | Private| Static 变量名([<下标 1 的下界>to]下标 1 的上界) [AS 类型/类型符]

　　[,变量名([<下标 2 的下界>to]下标 2 的上界) [AS 类型/类型符]]

　　……[,变量名([<下标 n 的下界>to]下标 n 的上界) [AS 类型/类型符]]

功能：定义静态数组的名称、数组的维数、数组的大小、数组的类型。

**2. 几点说明**

（1）数组名的命名规则与变量的命名相同。

（2）数组的维数由下标的个数确定，下标的个数最多可以为 60 个。

（3）数组每一维的元素个数，也就是数组每一维的大小是"上界－下界＋1"，而整个数组的元素个数是每一维元素个数的乘积。

(4) <下标的下界>默认值为 0,即数组每一维的下标从 0 开始,若希望下标从 1 开始,可在模块的通用部分使用 Option Base 语句设置开始下标为1(Option Base 1)。

例如:

```
Dim a(10) As Integer
```

定义一个静态数组,其数组名为 a。a 是一维数组,有 11 个元素,类型为整型。每个元素的标识分别是:a(0),a(1),a(2),a(3),a(4),a(5),a(6),a(7),a(8),a(9),a(10)。

```
Dim b (1 to 3,1 to 3) As Single
```

定义一个静态数组,其数组名为 b。b 是二维数组,有 9 个元素,类型为单精度型。每个元素的标识分别是:b(1,1),b(1,2),b(1,3),b(2,1),b(2,2),b(2,3),b(3,1),b(3,2),b(3,3)。

(5) <下标的下界>和<下标的上界>不能使用变量,必须是常量,常量可以是直接常量、符号常量,一般是整型常量。

例如:

⋮

```
Dim N As Integer
N=Val(InputBox("输入 N=?"))
Dim a(N)   As Integer
```

⋮

(6) 如果省略[As 类型/类型符],则数组的类型为变体类型。

例如:

```
Dim a(1 to 10,1 to 10)
```

(7) Static 语句只能用在事件过程中定义数组。

动态数组声明是指在声明数组时未给出数组的大小(省略括号中的下标),当要使用它时,随时用 ReDim 语句重新指出数组大小。

### 1. 声明动态数组

建立动态数组有两步操作:

(1) 用 Dim 语句声明动态数组

Dim 语句格式如下:

```
Dim | Public | Private| Static 变量名()
```

功能:定义动态数组的名称。

(2) 用 ReDim 语句声明动态数组的大小

ReDim 语句格式如下:

```
ReDim [Preserve] 变量名(下标 1 的上界) [AS 类型/类型符]
      [,变量名(下标 2 的上界) [AS 类型/类型符]]
      ……[,变量名(下标 n 的上界) [AS 类型/类型符]]
```

功能：定义动态数组的大小。

（3）用 Array 函数定义数组的大小

有关 Array 函数的内容见 6.3 节。

**2. 几点说明**

（1）在声明动态数组时未给出数组的大小。

（2）静态数组是在程序编译时分配存储空间，而动态数组则是在程序执行时分配存储空间。

（3）ReDim 语句是执行语句，只能出现在过程内，可以多次使用 ReDim 来改变数组的大小，也可改变数组的维数。

例如：

```
Dim x(), i As Integer
Private Sub Form_Click()
    ReDim x(5)
    ……
    ReDim x(8)
    x(8)=130
    Print x(8)
    ……
    ReDim x(10, 2)
    x(10, 2)=-1
    Print x(10, 2)
End Sub
```

（4）ReDim 中的下标可以是常量，也可以是有了确定值的变量。

（5）每次使用 ReDim 语句都会对原来数组进行初始化，会造成原来数组中数据的丢失，如果在 ReDim 语句后加 Preserve 参数，便可保留原来数组中的数据。

（6）使用 Preserve 参数只能改变数组最后一维的大小，前面几维大小不能改变。

## 6.3　与数组相关的操作函数

本节介绍几个与数组有关的操作函数，它们会对数组操作提供诸多方便。

**1. Array 函数**

Array 函数格式：

```
Array  (<常数表>)
```

功能：给一维数组整体赋值，并定义一维数组的大小。

**注意**：Array 函数只能给声明为 Variant 的变量的动态数组赋值，赋值后的数组大小由所赋的数据个数来决定。

**例 6-1**　设计一个窗体，将已知的 10 个数中能够被 5 整除的数显示在窗体上，已知的

10 个数为(—1，22，35，64，75，—17，122，305，640，175)，如图 6-1 所示。

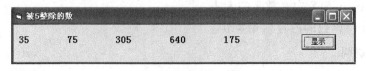

图 6-1　显示被 5 整除的数

操作步骤如下：

(1) 窗体及控件属性参照图 6-1 设计。

(2) 打开"代码设计"窗口，输入程序代码。

定义窗体变量代码如下：

```
Dim a(), i As Integer
```

Cmd1_Click()事件代码如下：

```
Private Sub Cmd1_Click()
    '利用 Array 函数给数组赋值
    a=Array(-1, 22, 35, 64, 75,-17, 122, 305, 640, 175)
    Print
    For i=0 To 9
        If a(i) Mod 5=0 Then Print a(i); Spc(5);
    Next i
End Sub
```

(3) 保存窗体，运行程序，结果如图 6-1 所示。

**2. Ubound( )和 Lbound( )函数**

(1) Ubound ( ) 函数

Ubound ( )函数格式：

```
UBound(<数组名>[, <N>])
```

功能：确定数组某一维的上界。

(2) Lbound( )

Lbound( ) 函数格式：

```
LBound(<数组名>[, <N>])
```

功能：确定数组某一维的下界。

**注意**：<N>是可选项，一般是整型常量或变量，指定返回哪一维的上界，1 表示第一维，2 表示第二维，依此类推，如果省略默认是 1。

**例 6-2**　设计一个窗体，将 1,2,3,4,5,6,7,8,9,10 这些值赋值给数组 a，并显示在窗体上，如图 6-2 所示。

操作步骤如下：

(1) 窗体及控件属性参照图 6-2 设计。

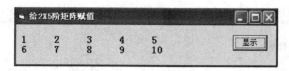

图 6-2 显示 2×5 矩阵数据

（2）打开"代码设计"窗口，输入程序代码。

Cmd1_Click()事件代码如下：

```
Private Sub Cmd1_Click()
    Dim a(1 To 2, 1 To 5) As Integer
    Print
    For i=LBound(a, 1) To UBound(a, 1)
        For j=LBound(a, 2) To UBound(a, 2)
            k=k+1
            a(i, j)=k
            Print a(i, j); Spc(3);
        Next j
        Print
    Next i
End Sub
```

（3）保存窗体，运行程序，结果如图 6-2 所示。

### 3. Split 函数和 Join 函数

（1）Split 函数格式：

```
Split(<字符串表达式>[,<分隔符>])
```

功能：从一个字符串中，以某个指定符号为分隔符，分离若干个子字符串，建立一个下标从零开始的一维数组。

（2）Join 函数

Join 函数格式：

```
Join (<数组名>[,<分隔符>])
```

功能：将一维数组中的各个元素合并成一个字符串。

**例 6-3** 设计一个窗体，有如下功能.

（1）从文本框中输入一个字符串，将字符串分离成若干个子字符串，并把分离出来的子字符串赋值给数组 a，再把数组 a 的内容在窗体上显示。

（2）将数组 a 中的各元素再合并成一个字符串，利用标签将它在窗体上显示。如图 6-3 所示。

操作步骤如下：

（1）窗体及控件属性参照图 6-3 设计。

（2）打开"代码设计"窗口，输入程序代码。

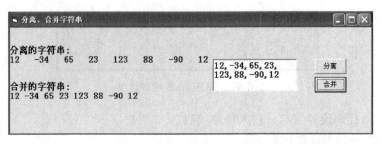

图 6-3    分离、合并字符串

定义窗体变量代码如下:

```
Dim a() As String, i As Integer
```

Form_Load()事件代码如下:

```
Private Sub Form_Load()
    Frm1.Show
    Txt1.SetFocus
End Sub
```

Cmd1_Click()事件代码如下:

```
Private Sub Cmd1_Click()                    '分离
    a=Split(Txt1.Text, ",")
    Print
    Print
    Print "分离的字符串:"
    For i=0 To UBound(a)
        Print a(i); Spc(3);
    Next i
End Sub
```

Cmd2_Click()事件代码如下:

```
Private Sub Cmd2_Click()                    '合并
    Lbl1.Caption="合并的字符串:"+vbCr+vbLf & Join(a, " ")
End Sub
```

(3) 保存窗体,运行程序,结果如图 6-3 所示。

## 6.4    数组应用实例

数组的引用是程序设计的一个重要部分,而且数组的应用通常与一些常用的"算法"紧密相连。"算法"是程序的计算方法,是对特定问题求解步骤的一种描述。本节结合数组的应用介绍一些编程中常用的基本算法,这些算法不但在面向过程的程序设计中会经常用到,同时也是面向对象编程的重要工具之一。

### 6.4.1 统计分析

**1. 求和**

这是一种将若干个数据进行累加的算法。

**例 6-4** 设计一个窗体,输出任意 10 个数的和。

算法:

(1) 求和变量清 0。

(2) 利用文本框输入 10 个任意数,存入到数组 A 中。

(3) 将 10 个数反复加到求和变量(sum)中。

(4) 最后输出求和变量(sum)的值。

程序运行结果如图 6-4 所示。

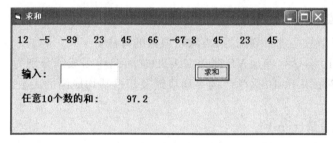

图 6-4 求和

操作步骤如下:

(1) 窗体及控件属性参照图 6-4 设计。

(2) 打开"代码设计"窗口,输入程序代码。

定义窗体变量代码如下:

```
Dim a(1 To 10) As Single, i As Integer
```

Form_Load()事件代码如下:

```
Private Sub Form_Load()
    Frm1.Show
    Txt1.SetFocus
    Print
End Sub
```

txt1_KeyPress( )事件代码如下:

```
Private Sub txt1_KeyPress(KeyAscii As Integer)
    If KeyAscii=13 Then
        i=i+1
        If i=10 Then Txt1.Enabled=False    ' 控制输入次数
        a(i)=Txt1.Text
```

```
        Print a(i); Spc(1);
        Txt1.Text=" "
    End If
End Sub
```

Cmd1_Click()事件代码如下:

```
Private Sub Cmd1_Click()
    Dim sum As Single
    For i=1 To 10
        sum=sum+a(i)                    '求和
    Next i
    Lbl2.Caption="任意 10 个数的和:     " & Str(sum)
End Sub
```

(3) 保存窗体,运行程序,结果如图 6-4 所示。

**2. 求平均值**

这是将若干个数据进行累加后,再除以项数的算法。

**例 6-5** 有 10 名学生参加 VB 课程高级班的学习,学习成绩分别为 89,76,98,90,67,95,74,89,93,77,试求出 10 名学生的平均成绩及超过平均成绩的人数。

算法:

(1) 求和变量清(sum)0。

(2) 利用文本框输入 10 人的成绩,存入到数组 A 中。

(3) 将 10 人的成绩反复加到求和变量(sum)中,再求平均成绩(aver)。

(4) 统计超过平均数的人数(total)。

(5) 最后输出平均成绩(aver)、超过平均数的人数(total)变量的值。

程序运行结果如图 6-5 所示。

图 6-5　求平均

操作步骤如下:

(1) 窗体及控件属性参照图 6-5 设计。

(2) 打开"代码设计"窗口,输入程序代码。

定义窗体变量代码如下:

```
Dim a(1 To 10) As Single, i As Integer
```

Form_Load()事件代码如下：

```
Private Sub Form_Load()
    Frm1.Show
    Txt1.SetFocus
End Sub
```

txt1_KeyPress( )事件代码如下：

```
Private Sub txt1_KeyPress(KeyAscii As Integer)
    If KeyAscii=13 Then
        i=i+1
        If i=10 Then Txt1.Enabled=False      '控制输入次数
        a(i)=Txt1.Text
        Txt1.Text=" "
    End If
End Sub
```

Cmd1_Click()事件代码如下：

```
Private Sub Cmd1_Click()
    Dim sum As Single, aver As Single, total As Single
    For i=1 To 10
        sum=sum+a(i)                        '求和
        Next i
        aver=sum/10                         '平均
        For i=1 To 10
        If a(i)>aver Then total=total+1     '超过平均成绩的人数
    Next i
    Lbl2.Caption="平均成绩："& Str(aver) & "  超过平均成绩的人数："& Str(total)
End Sub
```

（3）保存窗体，运行程序，结果如图 6-5 所示。

## 6.4.2  排序

排序是将一组相关的数据，按值的大小重新排列顺序的算法。排序的方法很多，这里只介绍选择法和冒泡法。

### 1. 选择法

将数组中第一个数与第二个数比较大小。若第一个数小（大），两数交换。接下来，第一个数与剩余其他数据逐一比较大小。若第一个数小（大），两数交换。循环进行，直到全部剩余数比较完了，使得第一个数为最大（小）数；然后将第二个数与剩余其他数据逐一比较大小。若第二个数小（大），两数交换。循环进行，直到全部剩余数比较完了，使得第二个数为次大（小）数。依此类推，从而将整个数组数据从大（小）到小（大）重新排序。

**例 6-6**  有 10 名学生参加 VB 课程高级班的学习，学习成绩如下（89,76,98,90,67,

95,74,89,93,77),将 10 名学生的成绩从高到低显示在窗体上。

算法:

(1) 利用 Array 函数将 10 人的成绩存入数组 A 中。

(2) 取 a(0)与 a(1)比较大小,若 a(0)小,两数交换,接下来,a(0)与剩余其他数据 a(2),a(3),a(4),a(5),a(6),a(7),a(8),a(9)逐一比较大小,若 a(0)小,两数 a(0)与 a(j) 交换,循环进行,直到全部剩余数比较完了,使得 a(0)为最大数,并将其在窗体上输出;然 后将 a(1)与剩余其他数据 a(2),a(3),a(4),a(5),a(6),a(7),a(8),a(9)逐一比较大小,若 a(1)小,两数 a(1)与 a(j)交换,循环进行,直到全部剩余数比较完了,使得 a(1)为次大数, 并将其在窗体上输出;依此类推,从而将整个数组的数据从大到小重新排序。

程序运行结果如图 6-6 所示。

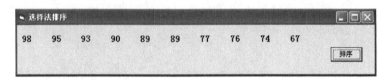

图 6-6　选择法排序

操作步骤如下:

(1) 窗体及控件属性参照图 6-6 设计。

(2) 打开"代码设计"窗口,输入程序代码。

定义窗体变量代码如下:

```
Dim a(), i As Integer, j As Integer, t As Integer
```

Cmd1_Click()事件代码如下:

```
Private Sub Cmd1_Click()
    '利用 Array 函数给数组赋值
    a=Array(89, 76, 98, 90, 67, 95, 74, 89, 93, 77)
    Print
    For i=0 To 9
        For j=i+1 To 9
            If a(i)<a(j) Then                '从小到大表达式为 a(i)>a(j)
                t=a(i)
                a(i)=a(j)
                a(j)=t
            End If
        Next j
        Print a(i); Spc(2);
    Next i
End Sub
```

(3) 保存窗体,运行程序,结果如图 6-6 所示。

**2. 冒泡法**

取数组中相邻两个数(第一个数与第二个数)比较,若大(小)的数在前,两数交换,把大(小)的数放在后面,接下来再取数组中下面相邻两个数(第二个数与第三个数)比较,若大(小)的数在前,两数交换,把大(小)的数放在后面,循环进行,直到全部数据比较完了,使得最后一个数为最大(小)数;然后再取数组剩余数中相邻两个数(第一个数与第二个数)比较,若大(小)的数在前,两数交换,把大(小)的数放在后面,循环进行,直到比较完倒数第二个,使得倒数第二个为次大(小)的数;依此类推,从而将整个数组数据从小(大)到大(小)重新排序。

**例 6-7**　根据例 6-6 提供的数据,将 10 名学生的成绩从低到高显示在窗体上。

算法:

(1) 利用 Array 函数将 10 人的成绩存入到数组 A 中。

(2) 取数组中相邻两个数 a(0),a(1)比较,若大的数在前,两数交换,把大的数放在后面,接下来再取数组中下面相邻两个数 a(1),a(2)比较,若大的数在前,两数交换,把大的数放在后面,循环进行,直到全部数据比较完了,使得 a(9)为最大数;然后再取数组剩余数中相邻两个数 a(0),a(1)比较,若大的数在前,两数交换,把大的数放在后面,循环进行,直到比较完倒数第二个,使得 a(8)为次大的数;依此类推,从而将整个数组数据从小到大重新排序。

(3) 将排序后的数组中的数据输出在窗体上。

程序运行结果如图 6-7 所示。

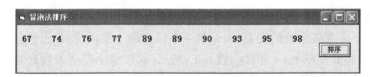

图 6-7　冒泡法排序

操作步骤如下:

(1) 窗体及控件属性参照图 6-7 设计。

(2) 打开"代码设计"窗口,输入程序代码。

定义窗体变量代码如下:

```
Dim a(), i As Integer, j As Integer, t As Integer
```

Cmd1_Click()事件代码如下:

```
Private Sub Cmd1_Click()
    a=Array(89, 76, 98, 90, 67, 95, 74, 89, 93, 77)
    Print
    For i=9 To 0 Step-1
        For j=0 To i-1
            If a(j)>a(j+1) Then          '从大到小表达式为 a(i)>a(j)
                t=a(j)
```

```
                    a(j)=a(j+1)
                    a(j+1)=t
                End If
            Next j
        Next i
        For i=0 To 9
            Print a(i); Spc(2);
        Next i
End Sub
```

(3) 保存窗体,运行程序,结果如图 6-7 所示。

### 6.4.3　求极值

求极值的问题就是求某个数字序列的最大、最小数,它可以用排序的方法取数组两端的数据,也可直接求极值。

设一个保存最大(小)数的变量,假设第一个数为最大(小)数,并将其值赋给最大(小)数变量,然后,取数组中剩余的数据与最大(小)数变量比较,若数组元素大(小),将数组元素赋给最大(小)数变量,循环进行,最后,最大(小)数变量便是极值,即最大或最小数。

**例 6-8**　根据例 6-6 提供的数据,将 10 名学生成绩的最高分和最低分输出在窗体上。

算法:

(1) 利用 Array 函数将 10 人的成绩存入到数组 A 中。

(2) 设一个保存最大数的变量 max 和一个保存最小数的变量 min,假设 a(0)为最大数和最小数,并将其值赋 max 和最小数 min,然后,取数组中剩余的数据与 max 和 min 比较,若 a(i)大,将 a(i)赋给 max,若 a(i)小,将 a(i)赋给 min,循环进行,最后 max 为最大数,min 为最小数。

(3) 将最高分和最低分输出在窗体上。

程序运行结果如图 6-8 所示。

图 6-8　求极值

操作步骤如下:

(1) 窗体及控件属性参照图 6-8 设计。

(2) 打开"代码设计"窗口,输入程序代码。

定义窗体变量代码如下:

```
Dim a(), i As Integer, max As Integer, min As Integer
```

Cmd1_Click()事件代码如下：

```
Private Sub Cmd1_Click()
    '利用 Array 函数给数组赋值
    a=Array(89, 76, 98, 90, 67, 95, 74, 89, 93, 77)
    Print
    max=a(0)
    min=a(0)
    For i=1 To 9
        If max<a(i) Then max=a(i)
        If min>a(i) Then min=a(i)
    Next i
    Print "        最高分:"; max; Spc(4); "最低分:"; min
End Sub
```

（3）保存窗体，运行程序，结果如图 6-8 所示。

### 6.4.4  魔方阵

**例 6-9**  设计一个窗体，在窗体上显示一个 n×n 魔方阵（其中 n 必须是奇数）。魔方阵的每一行、每一列和对角线之和均相等。

例如 5 阶魔方阵(5×5)为：

```
17  24   1   8  15
23   5   7  14  16
 4   6  13  20  22
10  12  19  21   3
11  18  25   2   9
```

算法：

（1）输入魔方阵的阶数。

（2）定义数组的大小。

（3）使数组所有元素为 0。

（4）将 1 放在第一行中间一列。

（5）给魔方阵的各元素赋值，从 2 开始直到 n×n 为止的各个数字按以下规则赋值到数组中：

每一个数对应的行比前一个数的行少 1，列多 1；如 6 在 3 行 2 列，则 7 在 2 行 3 列；

如果上一数的行数为 1，则下一行为 n，列仍多 1；如 8 在 1 行 4 列，9 在 n 行 5 列；

如果上一数的列数为 n，则下一数列为 1，行少 1；如 9 在 n 行 5 列，10 在 n−1 行 1 列；

如果按上面的规则确定的位置已有数，则把下一个数放在上一个数的下面；如 10 在 4 行 1 列，11 在 5 行 1 列；

如果上一个数是 1 行 n 列，则把下一个数放在上一个数的下面；如 15 在 1 行 n 列，16

在 2 行 n 列。

(6) 输出魔方阵各元素。

程序运行结果如图 6-9 所示。

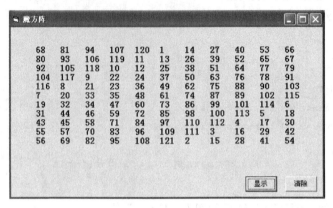

图 6-9  11×11 魔方阵

操作步骤如下：

(1) 窗体及控件属性参照图 6-9 设计。

(2) 打开"代码设计"窗口,输入程序代码。

定义窗体变量代码如下：

```
Dim mf(), i As Integer, j As Integer
Dim n As Integer, k As Integer
```

Cmd1_Click()事件代码如下：

```
Private Sub Cmd1_Click()
    '输入魔方阵的阶数
    n=Val(InputBox("输入魔方阵的阶数", "提示"))
    '定义数组的大小
    ReDim mf(1 To n, 1 To n)
    '使数组所有元素为 0
    For i=1 To n
    For j=1 To n
        mf(i, j)=0
    Next j
    Next i
        '将 1 放在第一行中间一列
    j=Int(n/2)+1
    mf(1, j)=1
    '给魔方阵的各元素赋值
    For k=2 To n*n
        i=i-1
        j=j+1
```

```
        If (i<1 And j>n) Then
            i=i+2
            j=j-1
        Else
            If i<1 Then i=n
            If j>n Then j=1
        End If
        If mf(i, j)=0 Then
            mf(i, j)=k
        Else
            i=i+2
            j=j-1
            mf(i, j)=k
        End If
    Next k
    '输出魔方阵各元素
    Print
    Print
    For i=1 To n
    For j=1 To n
        Print Tab(j * 5); mf(i, j);
    Next j
    Print
    Next i
    End Sub
```

Cmd2_Click()事件代码如下：

```
Private Sub Cmd2_Click()
    Frm1.Cls
End Sub
```

（3）保存窗体，运行程序，结果如图 6-9 所示。

## 6.4.5 矩阵转置

**例 6-10** 设计一个窗体，在窗体上显示 N×N 矩阵 A 和 A 的转置矩阵。
算法：
（1）将数据输入到 N×N 矩阵中。
（2）输出原始矩阵各个元素。
（3）将行与列、列与行相等的数组元素交换。
（4）输出转置矩阵各个元素。
程序运行结果如图 6-10 所示。
操作步骤如下：

(1) 窗体及控件属性参照图6-10设计。

(2) 打开"代码设计"窗口,输入程序代码。

定义窗体变量代码如下:

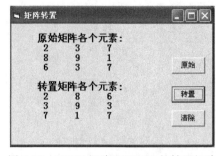

图6-10  N×N矩阵和N×N的转置矩阵

```
Dim a(), i As Integer, j As Integer
Dim n As Integer, Temp As Integer, str
As String
```

Cmd1_Click()事件代码如下:

```
Private Sub Cmd1_Click()
    n=Val(InputBox("输入矩阵的阶数", "提示"))
    ReDim a(1 To n, 1 To n)
    '将数据输入到N×N矩阵中
    For i=1 To n
    For j=1 To n
        str="输入矩阵的" & i & "行" & j & "列元素"
        a(i, j)=Val(InputBox(str, "提示"))
    Next j
    Next i
    '输出原始矩阵各个元素
    Print
    Print Tab(6); "原始矩阵各个元素:"
    For i=1 To n
    For j=1 To n
        Print Tab(j * 6); a(i, j);
    Next j
    Print
    Next i
End Sub
```

Cmd2_Click()事件代码如下:

```
Private Sub Cmd2_Click()
    '将行与列、列与行相等的数组元素交换
    For i=1 To n
    For j=1 To i-1
        Temp=a(i, j)
        a(i, j)=a(j, i)
        a(j, i)=Temp
    Next j
    Next i
    '输出转置矩阵各个元素
    Print
    Print Tab(6); "转置矩阵各个元素:"
    For i=1 To n
    For j=1 To n
```

```
        Print Tab(j * 6); a(i, j);
    Next j
    Print
    Next i
End Sub
```

Cmd3_Click()事件代码如下：

```
Private Sub Cmd3_Click()
    Frm1.Cls
End Sub
```

（3）保存窗体，运行程序，结果如图 6-10 所示。

### 6.4.6　矩阵倒置

**例 6-11**　设计一个窗体，在窗体上显示向量 A 和向量 A 的倒置。

算法：

（1）将数据输入到 N 个元素向量中。

（2）输出原始向量各个元素。

（3）将向量中前、后对应的元素交换。

（4）输出倒置向量各个元素。

程序运行结果如图 6-11 所示。

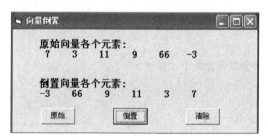

图 6-11　N 个元素向量倒置

操作步骤如下：

（1）窗体及控件属性参照图 6-11 设计。

（2）打开"代码设计"窗口，输入程序代码。

定义窗体变量代码如下：

```
Dim a(), i As Integer
Dim n As Integer, Temp As Integer, str As String
```

Cmd1_Click()事件代码如下：

```
Private Sub Cmd1_Click()
    n=Val(InputBox("输入向量元素的个数", "提示"))
    ReDim a(1 To n)
```

```
                           '将数据输入到 N 个元素向量中
                           For i=1 To n
                               str="输入向量的" & i & "个元素"
                               a(i)=Val(InputBox(str, "提示"))
                           Next i
                           '输出原始向量各个元素
                           Print
                           Print Tab(6); "原始向量各个元素:"
                           Print Tab(6);
                           For i=1 To n
                               Print a(i); Spc(2);
                           Next i
                       End Sub
```

Cmd2_Click()事件代码如下:

```
Private Sub Cmd2_Click()                        '倒置
    '将向量中的元素进行交换
    For i=1 To n\2
        Temp=a(i)
        a(i)=a(n-i+1)
        a(n-i+1)=Temp
    Next i
    '输出倒置矩阵各个元素
    Print
    Print
    Print
    Print Tab(6); "倒置向量各个元素:"
    Print Tab(6);
    For i=1 To n
        Print a(i); Spc(2);
    Next i
End Sub
```

Cmd3_Click()事件代码如下:

```
Private Sub Cmd3_Click()                        '清除
    Frm1.Cls
End Sub
```

(3) 保存窗体,运行程序,结果如图 6-11 所示。

## 6.5 控 件 数 组

控件数组是一组相同类型的控件集合,具体说,控件数组是一组具有共同名称、类型和事件过程的控件。控件数组中的每个元素可以有自己的属性值,建立时系统给每个元素赋一个唯一的索引号(Index),用来标识控件数组中的每个元素。

创建控件数组的方法有两种,一是在设计窗体时创建控件数组;二是在程序运行时创建控件数组。

**1. 在设计窗体时创建控件数组**

(1) 在窗体上画出多个同类控件,使 Name 属性相同。

(2) 在窗体上先画一个控件,再选中该控件,多次进行"复制"、"粘贴"操作。

图 6-12 所示是命令按钮控件数组。

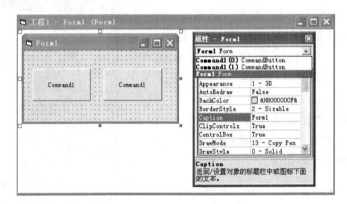

图 6-12　命令按钮控件数组

**2. 在程序运行时创建控件数组**

在设计时窗体时先画一个控件,并设该控件 Index 属性为 0,在运行程序时使用 Load 语句为控件数组增添新对象,还可以通过 UnLoad 语句删除控件数组中已有的对象。

(1) Load 语句格式:

```
Load  <控件名>
```

功能:添加一个新的控件数组对象。

(2) UnLoad 语句格式:

```
UnLoad  <控件名>
```

功能:删除控件数组中的一个对象。

## 6.6　控件数组实例

引入了控件数组,可以使控件数组每个元素共享一组程序代码,对控件数组中的每个元素进行操作时,可使用循环结构控制,这样可以给程序设计带来极大的便利。

控件的 Tag 属性是控件一个特殊的标识。对于每个控件来说,Name 属性是用以区别其他控件的;而 Tag 属性则用来与具有共同属性或共同操作的其他控件建立联系。对于多个具有部分相同属性的同一种控件,可以引用控件数组,同样也可以将 Tag 属性设置成同一个值,作为一组控件使用。对于多个具有部分相同属性的不同类型控件,就不能引用控件数组,但同样也可以将 Tag 属性设置成同一个值,作为一组控件使用。

### 6.6.1　简易计算器

**例 6-12**　设计一个简易计算器程序。

算法:

(1) 设计 16 个元素命令按钮控件数组,用来进行数据的输入和运算控制。

(2) 设计 4 个元素命令按钮控件数组,用来进行数据清除、退格以及对计算器开关控制。

(3) 操作数是通过文本中的字符反复连接而形成的(Txtnum.Text=Txtnum.Text & Index)。

程序运行结果如图 6-13 所示。

操作步骤如下:

(1) 窗体及控件属性参照图 6-13 设计。

(2) 打开"代码设计"窗口,输入程序代码。

定义窗体变量代码如下:

图 6-13　简易计算器

```
Dim len1 As Integer, num1 As Double, num2
As Double
```

Cmd1_Click( )事件代码如下:

```
Private Sub Cmd1_Click(Index As Integer)
    Select Case Index
    Case 1, 2, 3, 4, 5, 6, 7, 8, 9, 0              '数字
        Txtnum.Text=Txtnum.Text & Index
    Case 10                                        '小数点
        If InStr(Txtnum.Text, ".")=False Then
            Txtnum.Text=Txtnum.Text+"."
        End If
    Case 12, 13, 14, 15                            '+ - *   \
        num2=Index
        num1=Val(Txtnum.Text)
        Txtnum.Text=""
    Case 11                                        '=
        If num2=12 Then
            Print num1, Txtnum.Text
            Txtnum.Text=Str(Val(Txtnum.Text)+num1)
        End If
        If num2=13 Then
            Txtnum.Text=Str(num1-Val(Txtnum.Text))
        End If
        If num2=14 Then
            Txtnum.Text=Str(Val(Txtnum.Text) * num1)
```

```
                End If
            If num2=15 Then
                If Val(Txtnum.Text)=0 Then
                    MsgBox "分母不能为 0,请重新来"
                    Txtnum.Text=""
                Else
                    Txtnum.Text=Str(num1/Val(Txtnum.Text))
                End If
            End If
        End Select
End Sub
```

Cmd2_Click( )事件代码如下：

```
Private Sub Cmd2_Click(Index As Integer)
    Select Case Index
        Case 0                                  '清除
            Txtnum.Text=" "
        Case 1                                  '退格
            len1=Len(Txtnum.Text)
            If Len(Txtnum.Text)>1 Then
                Txtnum.Text=Left(Txtnum.Text, len1-1)
            End If
        Case 2                                  'OFF
            End
        Case 3                                  'ON
            Txtnum.Text=" "
            Txtnum.SetFocus
    End Select
End Sub
```

Tmr1_Timer( )事件代码如下：

```
Private Sub Tmr1_Timer()
    Lbltime.Caption=Now
End Sub
```

(3) 保存窗体,运行程序,结果如图 6-13 所示。

## 6.6.2 仿真百叶窗

例 6-13 设计一个窗体,在窗体上显示一个图片,前面有一个类似于百叶窗的屏幕。
算法：
(1) 在窗体中添加一个图片框控件,设置其 Picture 属性。
(2) 在图片框放置一个形状控件,并设该控件 Index 属性为 0。
(3) 在窗体初始化事件(Load)中,通过 Load 语句生成形状控件数组,覆盖整个图片框。

（4）通过时钟控件控制形状控件数组中每个元素的高度（Height）属性。

程序运行结果如图 6-14 所示。

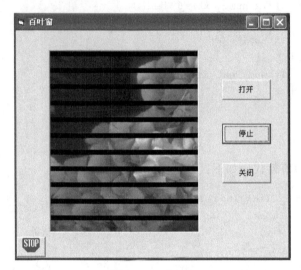

图 6-14　百叶窗

操作步骤如下：

（1）窗体及控件属性参照图 6-15 设计。

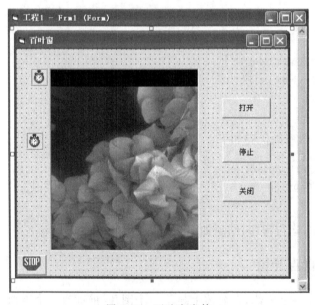

图 6-15　百叶窗窗体

（2）打开"代码设计"窗口，输入程序代码。

定义窗体变量代码如下：

```
Dim shtop As Integer, i As Integer
```

Form_Load()事件代码如下：

```
Private Sub Form_Load()
    Tmr1.Enabled=False                    '关闭时钟控件
    Tmr2.Enabled=False
    shtop=0                               '形状顶边初值
    For i=1 To 10
        Load Shp1(i)                      '添加新的形状
        Shp1(i).Visible=True
        Shp1(i).Top=shtop+400
        shtop=Shp1(i).Top
    Next i
End Sub
```

Cmd1_Click()事件代码如下：

```
Private Sub Cmd1_Click()
    Tmr1.Enabled=True                     '打开时钟控件 1
    Tmr2.Enabled=False                    '关闭时钟控件 2
End Sub
```

Cmd2_Click()事件代码如下：

```
Private Sub Cmd2_Click()
    Tmr1.Enabled=False                    '关闭时钟控件
    Tmr2.Enabled=False
End Sub
```

Cmd3_Click()事件代码如下：

```
Private Sub Cmd3_Click()
    Tmr2.Enabled=True                     '打开时钟控件 2
    Tmr1.Enabled=False                    '关闭时钟控件 1
End Sub
```

Cmd4_Click()事件代码如下：

```
Private Sub Cmd4_Click()
    End
End Sub
```

Tmr1_Timer()事件代码如下：

```
Private Sub Tmr1_Timer()
    For i=0 To 10
        If Shp1(i).Height>20 Then
            Shp1(i).Height=Shp1(i).Height-20
        Else
            Shp1(i).Height=400
        End If
```

```
        Next i
End Sub
```

Tmr2_Timer()事件代码如下：

```
Private Sub Tmr2_Timer()
    For i=0 To 10
        If Shp1(i).Height<400 And Shp1(i).Height>0 Then
            Shp1(i).Height=Shp1(i).Height+20
        Else
            Shp1(i).Height=0
        End If
    Next i
End Sub
```

(3) 保存窗体,运行程序,结果如图 6-14 所示。

### 6.6.3 多色圆

**例 6-14** 设计一个窗体,在窗体上显示多个彩色圆,其中有部分圆的颜色由时钟控件控制发生变化。

算法：

(1) 在窗体中添加一个形状控件并设该控件 Index 属性为 0。

(2) 在窗体初始化事件(Load)中,生成形状控件数组,覆盖整个窗体。

(3) 单击窗体,通过时钟控件控制部分形状控件数组元素颜色的改变。

程序运行结果如图 6-16 所示。

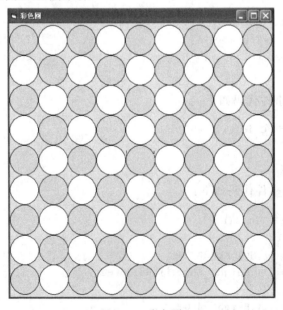

图 6-16　彩色圆

操作步骤如下：

（1）窗体及控件属性参照图 6-17 设计。

（2）打开"代码设计"窗口，输入程序代码。

定义窗体变量代码如下：

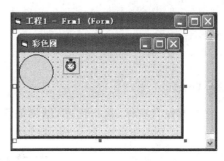

图 6-17 彩色圆窗体

```
Dim spTop As Integer, spLeft As Integer
Dim i As Integer, j As Integer, k As Integer
```

Form_Load()事件代码如下：

```
Private Sub Form_Load()
    Frm1.Height=8280
    Frm1.Width=7770
    k=1
    For i=1 To 9
        spLeft=0
        For j=1 To 9
            k=j+(i-1) * 9
            Load Shp1(k)                        '添加新的形状
            Shp1(k).Visible=True
            If k/2=Int(k/2) Then
                Shp1(k).Tag="ss"
            End If
            Shp1(k).Top=spTop
            Shp1(k).Left=spLeft
            spLeft=spLeft+850
    Next j
        spTop=spTop+850
    Next i
    Tmr1.Enabled=False
End Sub
```

Form_Click()事件代码如下：

```
Private Sub Form_Click()
    Tmr1.Enabled=True
End Sub
```

Tmr1_Timer()事件代码如下：

```
Private Sub Tmr1_Timer()
    j=j+1
    If j <=15 Then
        For i=0 To 80
            If Shp1(i).Tag="ss" Then
                Shp1(i).FillColor=QBColor(j)
            End If
```

```
        Next i
    Else
        j = 0
    End If
End Sub
```

(3) 保存窗体,运行程序,结果如图 6-17 所示。

## 本章的知识点结构

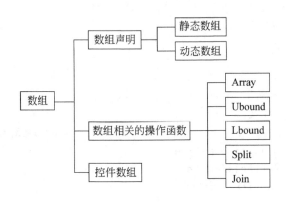

## 习　　题

1. 回答下列问题:

(1) 什么是数组?

(2) 数组如何进行分类?

(3) 什么情况下数组会超界?

(4) 动态数组与静态数组使用时有何不同?

(5) 在程序中引用控件数组有什么好处?

(6) Array 函数的作用是什么?

(7) 在程序中引用 Ubound( )和 Lbound( )函数有什么好处?

(8) Split 函数和 Join 函数有什么不同? 各自的作用是什么?

2. 指出下列数组说明语句的错误。

(1) Dim a(n)

(2) Dim a%(3+8) As Integer

(3) Dim a(6)

  for I=1 to 10

  a(i)=I

  next I

（4）······

    Dim a(10) As Integer

      ······

    ReDim a

    ······

（5）······

    Dim a(10)，i As Integer

    ······

    a＝Array(1，2，3，4，5，6，7，8，9，10)

    ······

3. 在窗体上添加一个命令按钮，编写如下代码，写出下列语句的运行结果。

（1）

```
Private Sub Cmd1_Click()
    Dim x(1 To 10) As Integer
    Dim i As Integer
    For i=1 To 10
        x(i)=i
    Next i
    Print
    Print "      ";
    For i=10 To 1 Step-2
        Print x(i);
    Next i
End Sub
```

（2）

```
Private Sub Cmd1_Click()
    Dim x(1 To 10) As String
    Dim i As Integer, k As Integer
    For i=65 To 74
        k=75-i
        x(k)=Chr(i+k*2)
    Next i
    Print
    Print "   ";
    For i=1 To 10
        Print x(i); "   ";
    Next i
End Sub
```

（3）

```
Dim a(), b(), i As Integer
```

```
Private Sub Cmd1_Click()
    a=Array(1, 2, 3, 4, 5, 6, 7, 8, 9, 10)
    i=UBound(a)
    ReDim b(i)
    For i=0 To UBound(a)
        b(i)=a(i) * 2+2
    Next i
    Print
    For i=0 To UBound(a)
        Print b(i); Spc(2);
    Next i
End Sub
```

（4）

```
Private Sub Cmd1_Click()
    Dim i As Integer, j As Integer, a(5, 5) As Integer
    For i=1 To 5
        a(i, i)=1
        a(i, 1)=1
    Next
    For i=3 To 5
    For j=2 To i-1
        a(i, j)=a(i-1, j-1)+a(i-1, j)
    Next
    Next
    For i=1 To 5
    For j=1 To i
        Print a(i, j); "   ";
    Next
        Print
    Next
End Sub
```

（5）

```
Private Sub Cmd1_Click()
    Dim a(1 To 4, 1 To 4) As Integer
    Dim i As Integer, j As Integer
    Dim num As Integer
    For i=1 To 4
        Select Case i
            Case 1
                num=17
            Case 2
                num=0
```

```
        Case 3
            num=13
        Case 4
            num=4
    End Select
    For j=1 To 4
        If i Mod 2 <>0 Then
            a(i, j)=num-j
        Else
            a(i, j)=num+j
        End If
    Next j
    Next i
    Print
    For i=1 To 4
        Print "  ";
        For j=1 To 4
            Print Tab(6 * j-1); a(i, j);
        Next j
        Print
        Print
    Next i
End Sub
```

4．编写程序。

(1) 设计一个窗体，输出 5 行 5 列方阵，使对角线上的元素为 1，其他元素为 0。

(2) 设计一个窗体，输出 5 行 5 列方阵，使方阵的上三角元素为 1，其他元素为 0。

(3) 设计一个窗体，添加一个命令按钮，当单击"显示"按钮时，结果如图 6-18 所示。

(4) 设计一个窗体，试求出 5 行 5 列的方阵中每行的最小的数。

(5) 设计一个窗体，输出任意 10 个数中超过平均值的个数，并将超过平均值的个数在窗体上输出。

(6) 设计一个窗体，添加一个命令按钮，当单击"显示"按钮时，结果如图 6-19 所示。

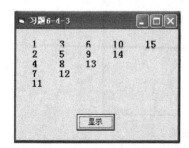

图 6-18  显示数字序列    图 6-19  显示数组元素

(7) 设计一个窗体,使用控件数组,使窗体中的文字流动,窗体的设计如图 6-20 所示。

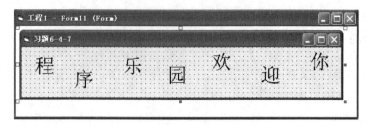

图 6-20　显示流动文字

(8) 已知有 5 位学生参加 3 门课程的考试,成绩如表 6-1 所示。

表 6-1　某学期学生考试成绩

| 学　号 | 课程 1 | 课程 2 | 课程 3 |
|---|---|---|---|
| 1 | 78 | 67 | 90 |
| 2 | 90 | 89 | 87 |
| 3 | 67 | 65 | 69 |
| 4 | 90 | 80 | 75 |
| 5 | 84 | 78 | 84 |

设计一个窗体,输出 3 门课程的平均分、每名学生的平均分、每名学生的名次和 3 门课程的最高分。当单击"添加成绩"按钮时,可输入成绩,当单击"显示成绩"按钮时,可显示成绩计算结果,程序运行结果如图 6-21 所示。

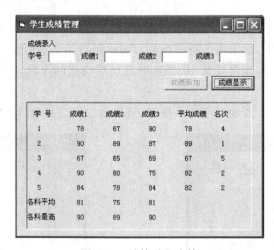

图 6-21　计算学生成绩

# 第 7 章 过　　程

通过前面的学习,已经知道,使用 Visual Basic 进行程序设计时,除了对"对象"的属性进行设计外,更多的是要设计事件的代码,这些程序中的事件代码便构成了"事件过程"。换句话说,这样的"过程"是当发生某些事件(如 Click、KeyPress)时所驱动的程序段落,事件过程事实上是 Visual Basic 程序设计的核心。

在处理实际应用问题时,有一些事件过程中的代码是相同的,或者在一个事件过程中有许多重复而不连续的程序段落,因此可以将这程序段落独立出来,作为一个"公共"程序段落,将其定义成过程,这样的过程称为"通用过程"。它可以在标准模块中定义,也可以在窗体模块中定义,供事件过程或通用过程调用。

本章将介绍子过程(Sub 过程)和函数过程(Function 过程)。

## 7.1　Sub 过程

在程序中引用子过程,可以大大改善程序的结构。它可以把复杂的问题分解成若干个简单问题进行设计,即"化全局为局部";还可以使同一程序段落重复使用,即"程序重用"。

在程序中引用子过程,首先要定义子过程,然后才能调用子过程。

### 7.1.1　定义 Sub 过程

定义 Sub 过程的语句格式:

```
[Public|Private][Static] Sub <子过程名>([<参数表>])
    <局部变量或常数定义>
    <语句序列>
    [Exit Sub]
    <语句序列>
End Sub
```

功能:定义一个以<子过程名>为名的 Sub 过程,Sub 过程名不返回值,而是通过形参与实参的传递得到结果,调用时可得到多个参数值。

注意事项:

(1) <子过程名>的命名规则与变量名的命名规则相同。

(2) <参数表>中的参数称为形参,表示形参的类型、个数、位置,定义时是无值的,只有在过程被调用时,实参传送给形参才获得相应的值。

(3) <参数表>中可以有多个形参,它们之间要用逗号","隔开,每一个参数要按如下格式定义:

```
[ByVal|ByRef]变量名[( )][As 类型][,...]
```

其中,ByVal 表示当该过程被调用时,参数是按值传递的;默认或 ByRef 表示当该过程被调用时,参数是按地址传递的。

(4) Static、Private 定义的 Sub 过程为局部过程,只能在定义它的模块中被其他过程调用。

(5) Public 定义的 Sub 过程为公有过程,可被任何过程调用。

(6) [Exit Sub]是退出 Sub 过程的语句,它常常是与选择结构(If 或 Select Case 语句)联用,即当满足一定条件时,退出 Sub 过程。

(7) 过程可以无形式参数,但括号不能省略。

## 7.1.2　创建 Sub 过程

Sub 过程是一个通用过程,它不属于任何一个事件过程,因此它不能在事件过程中建立。通常 Sub 过程是在标准模块中或在窗体模块中建立的。

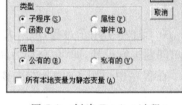

图 7-1　创建 Pstring 过程

方法一:

(1) 在 Visual Basic 系统环境下,先打开或新建"工程",然后打开或新建"窗体",再打开"代码"编辑窗口。

(2) 依次选择"工具"→"添加过程"菜单选项,打开"添加过程"窗口,如图 7-1 所示。

(3) 在"添加过程"窗口,定义所建立过程的名称(Pstring);选择过程类型(子过程);定义过程的作用范围(公有的 Public)。

(4) 在"添加过程"窗口,单击"确定"按钮,便建立一个子过程的结构框架。

```
Public Sub Pstring( )   ……End Sub
```

方法二:

(1) 在窗体模块的通用部分利用定义 Sub 过程的语句建立 Sub 过程,如图 7-2 所示。

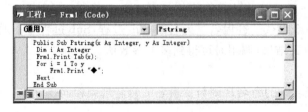

图 7-2　"代码"编辑窗口

（2）在标准模块中，利用定义 Sub 过程的语句建立 Sub 过程，如图 7-3 所示。

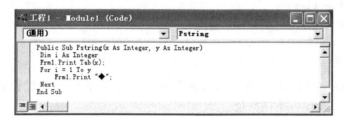

图 7-3 "模块"编辑窗口

### 7.1.3 调用 Sub 过程

调用 Sub 过程的语句格式如下：

子过程名 [<参数表>]

或

Call 子过程名([<参数表>])

功能：调用一个已定义的 Sub 过程。

注意事项：

（1）参数表中的参数称为实参，它必须与形参保持个数相同，实参与对应的形参类型要一致。

（2）调用过程是把实参传递给对应的形参。其中值传递（形参前有 ByVal 说明）时实参的值不随形参的值变化而改变；而地址传递（形参前有 ByRef 说明）时实参的值随形参值的改变而改变。

（3）当参数是数组时，形参与实参在参数声明时应省略其维数，但括号不能省略。

## 7.2 Function 过程

Function 过程是过程的另一种形式，也称其为用户自定义函数过程。在 Visual Basic 系统中，有许多内部函数，用户可直接引用，但有时内部函数不能解决问题的需求，用户可创建自定义函数，它的使用方法与内部函数的使用方法一样，仍需要通过函数名和相关参数引用。

Function 过程与 Sub 过程不同的是 Function 过程将返回一个函数值。

### 7.2.1 定义 Function 过程

定义 Function 过程的语句格式：

[Public|Private][Static]Function <函数名>([<参数表>])[As<类型>]
    <局部变量或常数定义>

```
<语句序列>
[Exit Function]
<语句序列>
函数名=返回值
End Function
```

功能:定义一个以<函数名>为名的 Function 过程,Function 过程通过形参与实参的传递得到结果,返回一个函数值。

注意事项:

(1) <函数名>的命名规则与变量名的命名规则相同,但它不能与系统的内部函数或其他通用过程同名,也不能与已定义的全局变量和本模块中同模块级变量同名。

(2) 在函数体内部,<函数名>可以当变量使用,函数的返回值就是通过给<函数名>的赋值语句来实现的,在函数过程中至少要对函数名赋值一次。

(3) As<类型>是指函数返回值的类型,若省略,则函数返回变体类型值(Variant)。

(4) [Exit Function]是退出 Function 过程的语句,它常常与选择结构(If 或 Select Case 语句)联用,即当满足一定条件时,退出 Function 过程。

(5) <参数表>中的形参的定义与 Sub 过程完全相同。

(6) Static、Private 定义的 Function 过程为局部过程,只能在定义它的模块中被其他过程调用。

(7) Public 定义的 Function 过程为公有过程,可被任何过程调用。

(8) 过程可以无形式参数,但括号不能省略。

### 7.2.2　创建 Function 过程

同 Sub 过程一样,Function 过程是一个通用过程,它不属于任何一个事件过程,因此它不能在事件过程中建立,Function 过程可在标准模块中或窗体模块中建立。

方法一:

(1) 在 Visual Basic 系统环境下,先打开或新建"工程",然后打开或新建"窗体",再打开"代码"编辑窗口。

(2) 依次选择"工具"→"添加过程"菜单选项,打开"添加过程"窗口,如图 7-4 所示。

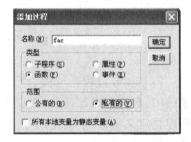

图 7-4　创建 fac 过程

(3) 在"添加过程"窗口,定义所建立过程的名称(fac);选择过程类型(函数);定义过程的作用范围(私有的)。

(4) 在"添加过程"窗口,单击"确定"按钮,便建立一个函数过程的结构框架。

```
Private Function fac( )  ……End Function
```

方法二:

(1) 在窗体模块的通用部分,利用定义 Function 过程的语句,建立 Function 过程,如图 7-5 所示。

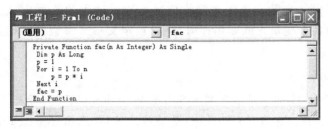

图 7-5 "代码"编辑窗口

(2) 在标准模块中,利用定义 Function 过程的语句,建立 Function 过程,如图 7-6 所示。

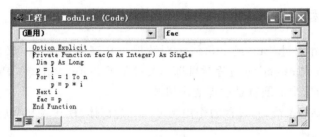

图 7-6 "模块"编辑窗口

### 7.2.3 调用 Function 过程

调用 Function 过程的语句格式如下:

函数名(<参数表>)

功能:调用一个已定义的 Function 过程。

注意事项:

(1) 参数表中的参数称为实参,形参与实参传递与 Sub 过程相同。

(2) 函数调用只能出现在表达式中,其功能是求得函数的返回值。

## 7.3 参 数 传 送

通用过程是独立的程序段落,在定义过程时的参数只有在过程调用时才能确定,过程与调用过程的程序之间实际上有一个参数传送过程。

参数传递是指把调用过程的参数传递给被调过程的参数,在 Visual Basic 系统中,参数的传递有按值传递、按地址传递两种方式。

本节将介绍与参数传送相关的一些内容。

### 7.3.1 形式参数与实际参数

#### 1. 形式参数

形式参数(简称"形参")是指在定义通用过程时,出现在 Sub 或 Function 语句中过程名后面圆括号内的参数。它用来接收传送给通用过程的数据,在定义通用过程时,形式参数表中的各个变量之间要用逗号分隔,在定义形式参数的同时还要定义各参数的类型。

**2. 实际参数**

实际参数(简称"实参")是指在调用 Sub 或 Function 过程时,写入子过程名或函数名后面圆括号内的参数。它将它们的数据(数值或地址)传送给 Sub 或 Function 过程与其对应的形式参数。实参可以是常量、表达式、有效的变量名、数组名(后加左、右括号,如 A( ))及控件等,实际参数表中各参数之间要用逗号分隔。

### 7.3.2　过程的作用域

在前面已经介绍过,Sub 或 Function 过程既可在窗体模块中定义,也可写在标准模块中,在定义 Sub 或 Function 过程时可选用关键字 Private、Static 和 Public,来决定它们能被调用的范围,这个范围就是过程的作用域。

在 Visual Basic 系统中,过程的作用域可以分为窗体/模块级和全局级。

**1. 窗体/模块级**

窗体/模块级过程是在定义 Sub 或 Function 过程时选用了关键字 Private、Static,该过程只能被定义它的窗体模块、标准模块中的语句、过程调用。

**2. 全局级**

全局级过程是在定义 Sub 或 Function 过程时选用了关键字 Public,该过程能被定义它的窗体模块、标准模块中的语句、过程调用,也能被未定义 Sub 或 Function 过程的其他窗体模块、标准模块中的语句、过程调用。

### 7.3.3　参数传递方式

在 Visual Basic 系统中,形参与实参的参数传递有传值与传址两种方式。

传值:在形参前加"ByVal",形参得到的是实参的值,形参值的改变不会影响实参的值。

传址:默认或加"ByRef",形参得到的是实参的地址,当形参值改变时,同时也改变实参的值。

## 7.4　过程应用实例

下面通过几个"通用过程"的典型例子,使大家进一步加深对"通用过程"的理解。

### 7.4.1　输出字符图形

**例 7-1**　设计一个窗体,用"字符"输出图形,程序的运行结果如图 7-7 所示。
操作步骤如下:

（1）窗体及控件属性参照图 7-4 设计。

（2）打开"代码设计"窗口，建立一个标准模块，定义一个 Sub 过程。

Sub 过程(Pstring)程序代码如下：

图 7-7　打印文本图形

```
Public Sub Pstring(x As Integer, y As Integer)
Dim j As Integer
Frm1.Print Tab(x);
For j=1 To y
    Frm1.Print "◆";
Next   j
End Sub
```

（3）打开"代码设计"窗口，利用命令按钮控件的事件代码，调用 Sub 过程。

Cmd1_Click()事件代码如下：

```
Private Sub Cmd1_Click()
    Dim i As Integer
    For i=1 To 3
        Print
    Next i
    For i=1 To 5
        Call Pstring(10-i, i)
        Call Pstring(25-i, i)
        Call Pstring(40-i, i)
    Next i
    For i=1 To 4
        Call Pstring(5+i, 5-i)
        Call Pstring(20+i, 5-i)
        Call Pstring(35+i, 5-i)
    Next i
End Sub
```

（4）保存窗体，运行程序，结果如图 7-7 所示。

## 7.4.2　表达式计算

**例 7-2**　设计一个窗体，输出 P 的值$\left(P=\dfrac{3!+5!}{7!}\right)$，如图 7-8 所示。

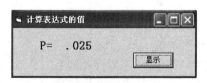

图 7-8　输出 P 的值

操作步骤如下：

（1）窗体及控件属性参照图 7-8 设计。

（2）打开"代码设计"窗口，在窗体模块中定义一个 Function 过程。

Function 过程(fac)程序代码如下：

```
Private Function fac(n As Integer) As Single
    Dim p As Long
    p=1
    For i=1 To n
        p=p * i
    Next i
    fac=p
End Function
```

（3）打开"代码设计"窗口，利用命令按钮控件的事件代码，调用 Function 过程。
Cmd1_Click()事件代码如下：

```
Private Sub Cmd1_Click()
    Dim n As Integer, m As Integer
    Print
    Print "    P="; (fac(3)+fac(5))/fac(7)
End Sub
```

（4）保存窗体，运行程序，结果如图 7-8 所示。

### 7.4.3　打印图形

**例 7-3**　设计 2 个窗体，调用同一个过程输出不同的图形，如图 7-9 和图 7-10 所示。

图 7-9　在第一窗体输出文本图形

图 7-10　在第二窗体输出文本图形

操作步骤如下：

（1）在窗体中添加了一个 Picture 控件，使打印的文本图形在图像框输出，有关
Picture 控件参见 8.2 节的内容。

（2）打开"代码设计"窗口，建立一个标准模块，定义一个 Sub 过程。

Sub 过程(pstring)程序代码如下：

```
Public Sub pstring(con1 As Control, x As Integer)
    Dim i As Integer
    con1.Print Tab(x);
    For i=1 To 7
```

```
        con1.Print "◆";
    Next i
End Sub
```

（3）设计第一个窗体，打开"代码设计"窗口，利用一个命令按钮控件（Cmd11）的事件
代码，调用 Sub 过程，利用另一个命令按钮控件（Cmd12）的事件代码，打开第二个窗体。

Cmd11_Click()事件代码如下：

```
Private Sub Cmd11_Click()
    Dim i As Integer
    Pic1.Print
    For i=1 To 10
        Call pstring(Pic1, i+4)
    Next i
End Sub
```

Cmd12_Click()事件代码如下：

```
Private Sub Cmd12_Click()
    Pic1.Cls
    Frm1.Hide
    Frm2.Show
End Sub
```

（4）设计第二个窗体，打开"代码设计"窗口，利用一个命令按钮控件（Cmd21）的事件
代码，调用 Sub 过程，利用另一个命令按钮控件（Cmd22）的事件代码，打开第一个窗体。

Cmd21_Click()事件代码如下：

```
Private Sub Cmd21_Click()
    Dim i As Integer
    Pic2.Print
    For i=1 To 10
        Call pstring(Pic2, 15-i)
    Next i
End Sub
```

Cmd22_Click()事件代码如下：

```
Private Sub Cmd22_Click()
    Pic2.Cls
    Frm2.Hide
    Frm1.Show
End Sub
```

（5）保存窗体，运行程序，结果如图 7-9 和图 7-10 所示。

本例中定义的 Sub 过程是全局级过程，试想若将 Sub 过程定义成某个窗体的私有过
程，其结果会怎样？

### 7.4.4　数字传送

**例 7-4**　设计一个窗体,输出 A,B,C 三个变量的值,如图 7-11 所示。

操作步骤如下:

(1) 窗体及控件属性参照图 7-11 设计。

(2) 打开"代码设计"窗口,建立一个标准模块,定义 3 个 Sub 过程。

过程名为 f1 的 Sub 过程程序代码如下:

图 7-11　输出文本图形

```vb
Private Sub f1(x As Integer, y As Integer, z As Integer)
    x=2
    y=4
    z=6
End Sub
```

过程名为 f2 的 Sub 过程程序代码如下:

```vb
Private Sub f2(x As Integer, ByVal y As Integer, ByVal z As Integer)
    x=1
    y=3
    z=4
End Sub
```

过程名为 f3 的 Sub 过程程序代码如下:

```vb
Private Sub f3(ByVal x As Integer, ByVal y As Integer, ByVal z As Integer)
    x=3
    y=8
    z=9
End Sub
```

(3) 打开"代码设计"窗口,利用命令按钮控件的事件代码,调用 Sub 过程。Cmd1_Click()事件代码如下:

```vb
Private Sub Cmd1_Click()
    Dim a As Integer, b As Integer, c As Integer
    Print
    a=1
    b=2
    c=3
    Print Tab(3); a, b, c
    Call f1(a, b, c)
    'x, y, z 与 a, b, c 传递是参数地址
    Print Tab(3); a, b, c
```

```
    Call f2(a, b, c)
    'x与a传递是参数地址   y, z, 与b, c传递是参数值
    Print Tab(3); a, b, c
    Call f3(a, b, c)
    'x, y, z与a, b, c传递是参数值
    Print Tab(3); a, b, c
End Sub
```

（4）保存窗体，运行程序，结果如图7-11所示。

## 7.4.5 查找

查找是在众多已有的数据中，查找一个指定的数据，或与已知数据相关的数据。

### 1. 顺序查找

算法：顺序查找就是将众多已有的数据先存放到数组中，然后将要"查找"的数据与已有的数据依次比较，找到后将其打印出来。

**例7-5** 已知某班有10名学生，每个学生的学号和姓名如下：（040101，张小麦，040102，王国民，040103，黄花花，040104，张科，040105，李铁木，040106，王小烁，040107，柯锘，040108，麦越越，040109，金炬炎，040110，田园园）。设计一个窗体，用顺序查找方法，输入任何一名学生的姓名，便可找到该学生的学号，如图7-12所示。

图7-12 "顺序查找"查找数据

操作步骤如下：

（1）窗体及控件属性参照图7-12设计。

（2）打开"代码设计"窗口，定义一个Sub过程。

Sub过程程序代码如下：

```
Public Sub find(a() As String, findstr As String)
Dim i As Integer
For i=1 To UBound(a) Step 2
    If a(i)=findstr Then
        findnum=a(i-1)
    End If
Next i
num=findnum
End Sub
```

（3）打开"代码设计"窗口，定义控件的事件代码。

定义窗体变量代码如下：

```
Dim stu() As String
Dim str As String
```

Form_Load()事件代码如下：

```
Private Sub Form_Load()
    Dim i As Integer
    Print
    Frm1.Show
    stu=Split("040101,张小麦,040102,王国民,040103,黄花花,040104,张  科,040105,
    李铁木,040106,王小烁,040107,柯  锴,040108,麦越越,040109,金炬炎,0401010,田园
    园", ",")
    Print " 学  号 "; " 姓  名"
    For i=0 To UBound(stu) Step 2
        Print "  "; stu(i); String(11-Len(stu(i)), " "); stu(i+1)
    Next
End Sub
```

Cmd1_Click()事件代码如下：

```
Private Sub Cmd1_Click()
    str=Txt1.Text
    Call find(stu, str)
    If num <>"" Then
        Lblresult.Caption="查找学生的学号是: " & num
    End If
End Sub
```

Cmd2_Click()事件代码如下：

```
Private Sub Cmd2_Click()
    Unload Me
End Sub
```

（4）保存窗体，运行程序，结果如图 7-12 所示。

**2. "二分法"查找**

算法："二分法"就是将众多已有的数据先存放到数组中，并对数组中的数据进行排序，然后根据"查找数据"的大小，判断其在数组中的上半部还是下半部，取其一半；接下来再拿"查找数据"与剩余部分的数据比较，取其一半；重复多次，直到找到为止。

**例 7-6**  已知数据如例 7-5，设计一个窗体，输入任何一个学生的学号，用"二分法"，找到该学生的姓名，如图 7-13 所示。

操作步骤如下：

（1）窗体及控件属性参照图 7-13 设计。

（2）打开"代码设计"窗口，建立一个标准模块，定义 2 个 Sub 过程。

Sub 过程（half）程序代码如下：

```
Private Sub half(a () As String, ByVal
```

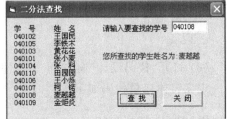

图 7-13  "二分法"查找数据

```
key As String, num As Long)
    Dim mid As Integer, begin As Integer, finish As Integer
    Dim find As Boolean
    begin=LBound(a)
    finish=UBound(a)
    Do While (begin <=finish) And (Not find)
        mid= (begin+finish)\2                    '取分界点
        If a(mid)=key Then
            find=True                            '查到记录标志
            Exit Do
        ElseIf key<a(mid) Then
                finish=mid-1                     '查找上部分数据
            Else
                begin=mid+1                      '查找下部分数据
        End If
    Loop
    If find Then
        num=mid                                  '查到数据的下标
    Else
        num=-1                                   '没查找到分数据标志
    End If
End Sub
```

Sub 过程(half)程序代码如下：

```
Private Sub order(nu() As String, na() As String)    '排序
    Dim i As Integer
    Dim j As Integer
    Dim temp As String
    For i=0 To UBound(nu)
        For j=i+1 To UBound(nu)
            If Val(nu(i))>Val(nu(j)) Then
                temp=nu(i)
                nu(i)=nu(j)
                nu(j)=temp
                temp=na(i)
                na(i)=na(j)
                na(j)=temp
            End If
        Next j
    Next i
End Sub
```

（3）打开"代码设计"窗口，定义控件的事件代码。
定义窗体变量代码如下：

```
Dim stu() As String
```

```
Dim num(0 To 9) As String
Dim nam(0 To 9) As String
```

Form_Load()事件代码如下：

```
Private Sub Form_Load()
    Dim i As Integer
    Dim j As Integer
    Print
    Frm1.Show
    stu=Split("040102,王国民,040105,李铁木,040103,黄花花,040101,张小麦,040104,张
        科,040110,田园园,040106,王小烁,040107,柯  锗,040108,麦越越,040109,金炬
    炎",",")
    Print " 学  号  "; "  姓  名"
    For i=0 To UBound(stu) Step 2
        num(j)=stu(i)
        nam(j)=stu(i+1)
        Print "  "; stu(i); String(11-Len(stu(i)), " "); stu(i+1)
        j=j+1
    Next i
    Call order(num, nam)
End Sub
```

Cmd1_Click()事件代码如下：

```
Private Sub Cmd1_Click()
    Dim findstr As String
    Dim findname As String
    Dim n As Long
    findstr=Txt1.Text
    Call half(num(), LBound(num), UBound(num), findstr, n)
    If n>=0 Then
        findname=nam(n)
        Lblresult.Caption="您所查找的学生姓名为:" & findname
    End If
End Sub
```

Cmd2_Click()事件代码如下：

```
Private Sub Cmd2_Click()
    Unload Me
End Sub
```

（4）保存窗体，运行程序，结果如图 7-13 所示。

## 7.4.6  插入

插入是在众多已有的有序数据中，插入一个指定的数据，并将其放到有序数据中"合

适"的位置。

算法:插入就是将众多已有的数据先存放到数组中,并对数组中数据进行排序,然后根据"插入数据"的大小,确定插入位置;在插入数据前,先将数组元素个数增大,然后将要插入数据位置上的,以及其后的数据向后"移动";最后将"插入数据"插入到指定位置。

**例 7-7** 已知某商场销售若干种电冰箱,价格目录表每天一公布,2004 年 3 月 8 日,商场又引进了新品种(西门子超薄型,5430)。设计一个窗体,请将这一款电冰箱价格写入价格目录中,如图 7-14 所示。

操作步骤如下:

(1) 窗体及控件属性参照图 7-14 设计。

(2) 打开"代码设计"窗口,建立一个标准模块,定义一个自定义数据类型。

自定义数据类型(product)程序代码如下:

图 7-14 插入数据

```
Type product
    nam As String * 12
    price As Integer
End Type
```

(3) 打开"代码设计"窗口,建立一个标准模块,定义一个 Sub 过程。

Sub 过程(insert)程序代码如下:

```
Private Sub insert(x() As product)
    Dim place As Integer
    place=0                                      '确定新元素插入点
    For i=0 To n
        If newproduct.price>x(i).price Then
            place=place+1
        End If
    Next i
    For i=n To place Step-1                       '将插入点及其后面的元素后移
        x(i+1).price=x(i).price
        x(i+1).nam=x(i).nam
    Next i
    x(place).price=newproduct.price               '在插入点插入新元素
    x(place).nam=newproduct.nam
End Sub
```

(4) 打开"代码设计"窗口,利用命令按钮控件的事件代码,调用 Sub 过程。

定义窗体变量代码如下:

```
Dim a() As product
```

```
Dim n As Integer
Dim newproduct As product
Dim i As Integer
```

Form_Load()事件代码如下：

```
Private Sub Form_Load()
    Frm1.Show
    ReDim a(3)
    a(0).nam="长虹电冰箱": a(0).price=3900
    a(1).nam="西门子冰箱": a(1).price=4990
    a(2).nam="海尔电冰箱": a(2).price=5900
    a(3).nam="熊猫电冰箱": a(3).price=6900
    Dim i As Integer
    PicOld.Print
    PicOld.Print "    产品名称          "; "  产品价格"
    PicOld.Print
    For i=0 To 3
        PicOld.Print "    "; a(i).nam; Tab(25); a(i).price
    Next i
End Sub
```

CmdShow_Click()事件代码如下：

```
Private Sub CmdShow_Click()
newproduct.nam=Txtname.Text
newproduct.price=Val(Txtprice.Text)
n=UBound(a)
ReDim Preserve a(n+1)                              '扩大数组元素个数
Call insert(a())
PicNew.Print
PicNew.Print "    产品名称          "; "  产品价格"
PicNew.Print
For i=0 To n+1
    PicNew.Print "    "; a(i).nam; Tab(25); a(i).price
Next i
End Sub
```

(5) 保存窗体,运行程序,结果如图 7-14 所示。

## 7.4.7　递归

递归就是编写一个"特殊"的"过程",该过程中必有一个语句用于调用过程自身,从而实现自我的嵌套。或者说,在一个过程中,调用了它自己本身,这就叫做递归调用。

算法:递归分为两个阶段,第一个阶段是"递推",即把求"N"的解表示为求"N-1"的解,而"N-1"的解并不知道,还要"递推"到"N-2"……直到求出"已知"的解,不再"递推"；第二个阶段是"回推"，即依靠"已知"解推算出"上一个"解，再依靠"上一个"解推算出上"上一个"解……直到求"N"的解。

**例 7-8**　设计一个窗体，演绎"汉诺塔"。著名的"汉诺塔"问题：有 N 个圆环，由 A 柱移到 C 柱。在圆环移动时要遵守两个规则，一是每次只能移动一个圆环，二是较小的圆环一定在较大的圆环之上，程序运行结果如图 7-15 和图 7-16 所示。

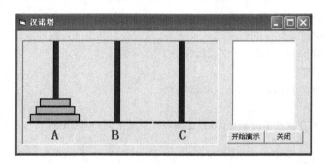

图 7-15　"汉诺塔"（原始状态）

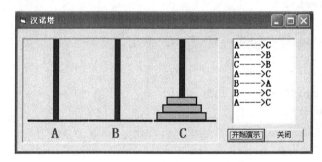

图 7-16　"汉诺塔"（完成状态）

操作步骤如下：

（1）窗体及控件属性参照图 7-15 设计。

（2）打开"代码设计"窗口，定义 2 个 Sub 过程。

Sub 过程（hanoi）程序代码如下：

```
Private Sub hanoi(n As Integer, one As String, two As String, three As String)
    If n=1 Then
        Call Movecirque(one, three)
    Else
        Call hanoi(n-1, one, three, two)           '递归调用 hanoi
        Call Movecirque(one, three)
        Call hanoi(n-1, two, one, three)
    End If
End Sub
```

Sub 过程（movecirque）程序代码如下：

```
Private Sub movecirque(x As String, y As String)
```

```
        Txt1.Text=Txt1.Text & x & "→" & y & vbCrLf
        Dim i As Integer
        Dim Dest As Integer
        '用柱子的 TAG 属性来确定每个柱子上的圆环数
        Select Case x
            Case "A"
                Shp1(1).Tag=Shp1(1).Tag-1
            Case "B"
                Shp1(2).Tag=Shp1(2).Tag-1
            Case "C"
                Shp1(3).Tag=Shp1(3).Tag-1
        End Select
        '用 Dest 来存放柱子的下标,以确定圆环将要移动到的目标柱子
        Select Case y
            Case "A"
                Shp1(1).Tag=Shp1(1).Tag+1
                Dest=1
            Case "B"
                Shp1(2).Tag=Shp1(2).Tag+1
                Dest=2
            Case "C"
                Shp1(3).Tag=Shp1(3).Tag+1
                Dest=3
        End Select
        Txt1.Refresh
        For i=0 To 2
            If Shp2(i).Tag=x Then            '用 shp2(圆环)的 TAB 属性确定其所在的柱子
                Shp2(i).Tag=y
        '圆环移动后的 left 为目标柱子的 left 减去(圆环宽度的一半与柱子宽度的一半的差),
        top 为水平直线的 y 属性减去圆环的高度乘以柱子上的圆环数
                Shp2(i).Move Shp1(Dest).Left- (Shp2(i).Width/2-Shp1(Dest).Width/2),
                Line3.Y2-Shp2(i).Height * Shp1(Dest).Tag
                For j=1 To 80000000            '此循环用来延时
                Next  j
                Exit For
            End If
        Next i
End Sub
```

(3) 打开"代码设计"窗口,利用命令按钮控件的事件代码,调用 Sub 过程。
Form_Load()事件代码如下:

```
Private Sub Form_Load()
    Dim i As Integer
    Shp1(1).Tag=3                        '初始化第一根柱子上的圆环数
```

```
    For i=0 To 2
        Shp2(i).Tag="A"                    '初始化,令所有圆环都位于第一根柱子上
        Shp2(i).Left=Shp1(1).Left-(Shp2(i).Width/2-Shp1(1).Width/2)
        Shp2(i).Top=Line1.Y2-Shp2(i).Height * (3-i)
    Next  i
End Sub
```

Cmd1_Click()事件代码如下：

```
Private Sub Cmd1_Click()
    Txt1.Text=""
    Txt1.Refresh
    Call hanoi(3, "A", "B", "C")
End Sub
```

Cmd2_Click()事件代码如下：

```
Private Sub Cmd2_Click()
    Unload Me
End Sub
```

（4）保存窗体,运行程序,结果如图 7-16 所示。

## 本章的知识点结构

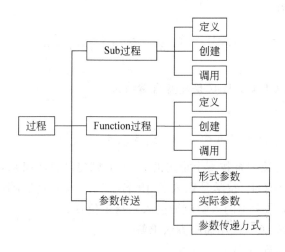

## 习　　题

1. 回答下列问题：

（1）建立过程的目的是什么？

（2）Private、Public 定义的 Sub 过程有什么不同？

（3）简述形参与实参的区别。

（4）哪些元素可作为过程中的参数？

（5）调用 Sub 过程两个语句有什么不同？

（6）形参与实参的传递方式有哪些,有什么不同？

（7）过程的作用域对过程调用有什么限制？

（8）Function 过程与 Sub 过程有什么不同？

2. 判断下列过程定义语句的正误。

（1）Private Sub A1(x( ))As Integer

（2）Public Sub A1

（3）Private Sub A1(x( ) As Integer)

（4）Private Function F1(a1 As Integer, b1 As Integer)

（5）Public Function F1(a1 As Integer, b1 As Integer) As Single

3. 已知 Public Function F(x1 As Integer, x2 As Integer) As Single 和 Private Sub S(x As Integer),判断下列调用过程的语句的正误。

（1）a＝S(b)

（2）Call S b

（3）S b

（4）c＝F(a, b)

（5）F(a, b)

4. 编写程序。

（1）计算 y 的值

$$y=1+\frac{1}{1+2}+\frac{1}{1+2+3}+\cdots+\frac{1}{1+2+3+\cdots+9+10}$$

（2）求 P 的值

p＝A! ＋B! ＋C! （A,B,C是任意自然数）。

（3）求 Y 的值

$$Y=1+x+\frac{x^2}{2!}+\frac{x^3}{3!}+\cdots+\frac{x^n}{n!}$$

（4）在 10 个任意数中查找一个指定的数,若有则将其打印出来,否则告之无此数。

（5）某班有 50 名学生,按学号输入了 49 名学生的入学成绩,学号为 27 号的学生成绩没有输入,请将 27 号学生的入学成绩插入到指定位置。

（6）求 S 的值,S＝$C_5^3$,试用递归方法求解。

（7）求自然数 M 到 N 的和。

（8）试用递归方法求 10 的阶乘。

# 第8章 常用的内部控件及实例

在 Visual Basic 程序设计过程中,掌握控件的功能和使用方法是很重要的。

在前面第 4 章已根据教学进程的需求,先介绍了几个基本的常用控件。这里再进一步介绍若干常用控件的功能和使用。

## 8.1 框架:哥德巴赫猜想

框架(Frame)是一个容器类控件。它和窗体一样可以容纳其他控件,用于控件分组,工具箱中的按钮为 ▣ 。

在 Visual Basic 程序中,通常将放置在同一个容器中的控件看成一个组合,在一个组合中,所有对象可随容器移动、删除。如果需要在同一窗体内建立几组相互独立的单选钮组,就可以将每一组单选钮放置在不同的框架内,每一个框架容纳的多个单选钮是同一组(见例 8-4)。另外,框架还可用来美化窗体。

**1. 框架常用的属性**

(1) 名称(Name):是创建的框架对象的名称。

(2) Caption 属性:Caption 是框架标题。

(3) Enabled 属性:Enabled 属性用于设置框架是否可用。默认值为 True。当为 False 时,标题呈灰色,不允许对框架内的所有对象进行操作。

(4) Visible 属性:Visible 属性用于设置框架是否可见。默认值为 True。当为 False 时,框架及其框架内的所有对象不可见。

(5) BackColor 属性:BackColor 属性用于设置框架的背景颜色,通常这一属性与所在窗体的 BackColor 属性相同。

**2. 框架常用的事件**

框架可以响应的事件有 Click、DblClick,在程序设计时,很少使用有关框架的事件过程。

**3. 框架及框架内控件的创建**

首先需要创建 Frame 控件,然后再向 Frame 添加控件。添加控件的方法有以下两种。

方法一：

单击工具箱上的工具,然后将出现的"+"指针放在框架中适当位置,并拖拉出适当大小,再往框架中添加所需的控件。但不能使用双击工具箱上按钮的方式,给框架添加控件。

方法二：

将控件"剪切"到剪贴板,然后选中框架,使用"粘贴"命令将其复制到框架内。

**例 8-1**　创建一个窗体,请将 4～100 中所有偶数分别用两个素数表示出来,这是著名的哥德巴赫猜想,即任意一个充分大的偶数可以用两个素数之和表示,如：4＝2＋2,6＝3＋3,8＝3＋5,…,98＝19＋79,…,解题思路是：读入偶数 num,将它分成 p,q 使 num＝p＋q,p 从 2 开始,q＝num－p,如果 p,q 均为素数则输出表达式,否则将 p 加 1 再试,程序运行结果如图 8-1 所示。

图 8-1　哥德巴赫猜想

操作步骤如下：

(1) 窗体及控件属性参照图 8-1 设计。

(2) 打开"代码设计"窗口,输入程序代码。

Function 过程(prime)程序代码：

```
Private Function prime(num As Integer) As Boolean
    Dim i As Integer
    For i=2 To num
        If num Mod i=0 Then
            Exit For
        End If
    Next i
    If i=num Then
        prime=True
    Else
        prime=False
    End If
End Function
```

Cmd1_Click()事件代码如下：

```
Private Sub Cmd1_Click()
    Dim n As Integer
    Dim p As Integer, q As Integer
    Dim num As Integer
    num=Val(Txt1.Text)
    If num Mod 2 <>0 Then
        MsgBox "您输入的不是偶数,请重新输入", vbOKOnly, "提示"
```

```
        Txt1.SetFocus
        Txt1.SelStart=0
        Txt1.SelLength=Len(Txt1.Text)
        Exit Sub
    End If
    For p=2 To num
        If prime(p)=True Then
            q=num-p
            If prime(q)=True Then
                Print
                Print "  "; CStr(num) & "=" & CStr(p) & "+" & CStr(q)
                Exit For
            End If
        End If
    Next p
End Sub
```

（3）保存窗体，运行程序，结果如图 8-1 所示。

## 8.2　图片框：图片水平展开

图片框（PictureBox）是用来在窗体上显示图像，或作为容器放置其他控件的控件。它在工具箱中的按钮为 ▨。

图片框控件可显示以 bmp、ico、wmf、emf 和 gif 等为扩展名的图形文件。

**1．图片框的常用属性**

（1）名称（Name）：是创建的图片框对象的名称。

（2）Picture 属性：Picture 是装入或删除图形文件。

装入图形：可使用＜对象＞. Picture＝LoadPicture（"图形文件名". wmf）语句，或在属性窗口直接设置 Picture 属性。

删除图形：可使用＜对象＞. Picture＝LoadPicture（ ）语句，或在属性窗口直接设置 Picture 属性。

（3）Autosize 属性：是控制图片框是否自动调整大小使之与显示的图片匹配，当 Autosize 属性设置为 True 时，图片框可自动调整大小。

（4）BorderStyle 属性：设置图片框的边框风格。其中，

0　None　为无边框；

1　Fixed Single　为三维边框。

**2．图片框常用的事件**

图片框可以响应的事件有 Click、DblClick。

**3．图片框常用的方法**

图片框常用的方法为 PaintPicture 方法。

PaintPicture 方法的格式：

```
<对象>.PaintPicture  Picture,X1,Y1,,Width1, Height1,[X2],[Y2],,[Width2], [Height]
```

功能：在<对象>中绘制图像，通过指定绘制图像的大小，实现图像的缩放。

其中：

Picture    为绘制图像的绘制图像源；

X1,Y1    是<对象>中绘制图像的坐标；

Width1    是新绘制图像的宽度；

Height1    是新绘制图像的高度；

Width2    是源图像的宽度；

Height2    是源图像的高度；

X2,Y2    是图像内剪切区的坐标。

**例 8-2**    创建一个窗体，其中有两个图片框容器，利用图片框 2 的图形在图片框 1 中重画的方法，产生图片水平展开的效果，程序运行结果如图 8-2 所示。

图 8-2    图片水平展开

操作步骤如下：

（1）窗体及控件属性参照图 8-2 设计，设有两个图片框，图片框 2 有图形，图片框 1 只是容器。

（2）打开"代码设计"窗口，输入程序代码。

定义窗体变量代码如下：

```
Dim wid As Long, hei As Long
    Dim h1 As Integer, h2 As Integer
```

Form_Load()事件代码如下：

```
Private Sub Form_Load()
```

```
    Pic2.Visible=False
    Pic2.AutoSize=True
    Pic2.Picture=LoadPicture(App.Path & "\school.jpg")
    wid=Pic2.Width
    hei=Pic2.Height
    h1=0
    h2=10
End Sub
```

Timer1_Timer()事件代码如下：

```
Private Sub Timer1_Timer()
    Pic1.PaintPicture Pic2.Picture, h1, 0,,, h1, 0, h2, hei
    '由左向右展开
    h1=h1+10
    h2=h2+10
    If h1>=hei Then Timer1.Enabled=False
End Sub
```

Cmd1_Click()事件代码如下：

```
Private Sub Cmd1_Click()
    Timer1.Enabled=True
End Sub
```

（3）保存窗体，运行程序，结果如图 8-2 所示。

## 8.3　图像框：简单动画

图像框（Image）是用来在窗体上显示图像的控件。它比图形框占用更少的内存，因为图像框不是容器类控件，所以图像框内不能保存其他控件。它在工具箱中的按钮为 ▦ 。

**1. 图像框常用的属性**

（1）名称（Name）：是创建的图像框对象的名称。

（2）Picture 属性、BorderStyle 属性与图片框相同。

（3）Stretch 属性：用于确定图像框与所显示的图片是否自动调整大小使其相互匹配。当 Stretch 属性设置为 True 时，图形可自动调整尺寸，以适应图像框的大小；当 Stretch 属性值为 False，图像框可自动改变大小，以适应所显示的图片。

**2. 图像框常用的事件**

图片框可以响应的事件有 Click、DblClick。

**例 8-3**　创建一个窗体，有 5 个图像框，其 Picture 属性不同，通过时钟控件控制，其实是 1 个图像框在一定的时间间隔内，输出不同的图片，而且图像框逐渐变大，产生动画效果;当图像框变到一定大时,停止图片转换,利用标签输出"美好的祝福送给您"文字,此时图像框全都不可见;当单击标签控件时,重复以上过程,程序的运行结果如图 8-3 和图 8-4 所示。

图 8-3　图片交替转换

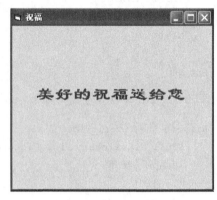

图 8-4　停止图片转换

操作步骤如下:

(1) 窗体及控件属性参照图 8-5 设计。

(2) 打开"代码设计"窗口,输入程序代码。

图 8-5　图片交替转换窗体设计

Sub 过程(spread)程序代码:

```
Private Sub spread()             '图像框变大
    Img1.Width=Img1.Width+50
    Img1.Height=Img1.Height+50
End Sub
```

Form_Load()事件代码如下:

```
Private Sub Form_Load()
    Lbl1.Visible=False
    Img2.Visible=False
    Img3.Visible=False
    Img4.Visible=False
    Img5.Visible=False
    Img1.Width=1500
    Img1.Height=1500
    Tmr1.Enabled=True
    Img1.Visible=True
End Sub
```

Tmr1_Timer()事件代码如下:

```
Private Sub Tmr1_Timer()
    Static Control As Integer
    Select Case Control
```

```
        Case 0
            Img1.Picture=Img2.Picture            '换第 2 张图片
            Call spread
            Control=1
        Case 1
            Img1.Picture=Img3.Picture            '换第 3 张图片
            Call spread
            Control=2
        Case 2
            Img1.Picture=Img4.Picture            '换第 4 张图片
            Control=3
            Call spread
        Case 3
            Img1.Picture=Img5.Picture            '换第 5 张图片
            Call spread
            Control=4
        Case 4
            Img1.Picture=Img1.Picture            '换第 1 张图片
            Call spread
            Control=0
    End Select
    If Img1.Width=3000 Then                       '停止图片转换
        Tmr1.Enabled=False
        Img1.Visible=False
        Lbl1.Visible=True
        Control=0
    End If
End Sub
```

Lbl1_Click()事件代码如下：

```
Private Sub Lbl1_Click()
    Form_Load                                     '再次调用 Form_Load
End Sub
```

（3）保存窗体，运行程序，结果如图 8-3 和图 8-4 所示。

## 8.4　单选钮：颜色渐变

单选按钮（Option）也称作选择按钮。按钮被选中后左侧圆圈中会出现一个黑点，用户可通过单选按钮是否被选中来控制操作。通常，一组单选按钮是彼此相互排斥的选项，也就是说，对于一组单选按钮用户只能从中选择一个，实现一种"单项选择"的功能。它在工具箱中的按钮为 ⊙。

**1. 单选按钮常用的属性**

(1) 名称(Name)：是创建的单选按钮对象的名称。

(2) Caption 属性：是单选按钮的显示标题。

(3) Alignment 属性：是设置单选按钮在显示标题的哪一侧,其中:

0-left Justify 单选按钮在显示标题的左侧;

1-Right Justify 单选按钮在显示标题的右侧。

(4) Value 属性：标明单选按钮是否被选中,其中:

True 单选按钮被选中;

False 单选按钮未被选定(系统默认设置)。

**2. 单选按钮常用的事件**

Click 事件是单选按钮控件最基本的事件。在 Click 事件中,单击未选中的单选按钮控件时,Value 属性值为 True;单击已选中的单选按钮控件时,Value 属性值为 False。

**例 8-4** 创建一个窗体,有 4 组单选按钮,程序运行时,如图 8-7 所示,当用户选择不同的单选按钮组中的单选按钮时,标签的显示效果如图 8-6 所示。

图 8-6 窗体初始化状态

图 8-7 选择单选按钮后的状态

操作步骤如下：

（1）窗体及控件属性参照图 8-8 设计。

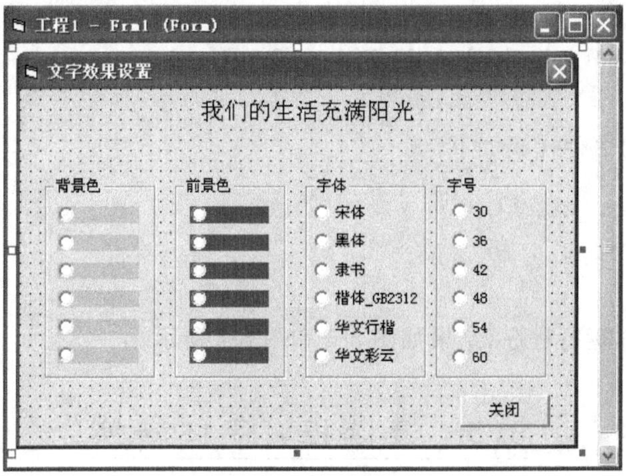

图 8-8 窗体的设计

（2）打开"代码设计"窗口，输入程序代码。

Form_Load()事件代码如下：

```
Private Sub Form_Load()
    Lbl1.Left=(Frm1.Width-Lbl1.Width)/2
    Dim i As Integer
    For i=0 To 5
        Opt1(i).BackColor=QBColor(i * 2)
        Opt2(i).BackColor=QBColor(i * 3)
    Next i
End Sub
```

Opt1_Click()事件代码如下：

```
Private Sub Opt1_Click(Index As Integer)
    Lbl1.BackColor=Opt1(Index).BackColor
End Sub
```

Opt2_Click()事件代码如下：

```
Private Sub Opt2_Click(Index As Integer)
    Lbl1.ForeColor=Opt2(Index).BackColor
End Sub
```

Opt3_Click()事件代码如下：

```
Private Sub Opt3_Click(Index As Integer)
    Lbl1.FontName=Opt3(Index).Caption
End Sub
```

Opt4_Click()事件代码如下：

```
Private Sub Opt4_Click(Index As Integer)
    Lbl1.FontSize=Opt4(Index).Caption
    Lbl1.Left= (Frm1.Width-Lbl1.Width)/2
End Sub
```

Cmd1_Click()事件代码如下：

```
Private Sub Cmd1_Click()
    Unload Frm1
End Sub
```

(3) 保存窗体，运行程序，结果如图 8-6 和图 8-7 所示。

## 8.5    复选框：字体转换

复选框(Check)也称作复选按钮，被选中后左侧方块中会出现"√"，用户可通过复选框是否被选中来控制操作。通常，多个复选框可以同时存在，允许用户从一组相互独立的复选框中选择一个选项、多个选项或一个选项也不选。它在工具箱中的按钮为 ☑ 。

**1. 复选框常用的属性**

(1) 名称(Name)：是创建的复选框对象的名称。

(2) Caption 属性、Alignment 属性与单选按钮相同。

(3) Value 属性：标明复选框是否被选中，其中：

0：Unchecked    未被选定(系统默认设置)；

1：Checked    选定；

2：Grayed    灰色，禁止选择。

**2. 复选框常用的事件**

Click 事件是复选框控件最基本的事件。在 Click 事件中，单击未选中的复选框时，Value 属性值变为 1；单击已选中的复选框时，Value 属性值变为 0；单击变灰的复选框时，Value 属性值变为 0。

**例 8-5**    创建一个窗体，有 5 个复选框和对应的 5 个标签，如图 8-9 所示，通过复选框控制对应的标签字体，程序运行结果如图 8-10 所示。

操作步骤如下：

(1) 窗体及控件属性参照图 8-9 设计。

(2) 打开"代码设计"窗口，输入程序代码。

Chk1_Click()事件代码如下：

```
Private Sub Chk1_Click(Index As Integer)
    If Chk1(Index).Value=1 Then
        Lbl1(Index).FontName=Chk1(Index).Caption
```

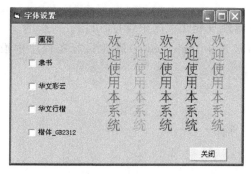

图 8-9 窗体初始化状态

图 8-10 选择复选框后的状态

```
    Else
        Lbl1(Index).FontName="宋体"
    End If
End Sub
```

Cmd1_Click()事件代码如下:

```
Private Sub Cmd1_Click()
    End
End Sub
```

(3)保存窗体,运行程序,结果如图 8-10 所示。

## 8.6 列表框:文本转移

列表框(List)可以显示一个项目列表,供用户从中选择一个项目或多个项目。在列表框中,如果项目总数超过了可显示的项目数,则系统会自动加上滚动条。它在工具箱中的按钮为 。

**1. 列表框常用的属性**

(1)名称(Name):是创建的列表框对象的名称。

(2)List 属性:用于存放在列表框中的项目。

(3)Columns 属性:设置列表框中存放的项目是多列显示还是单列显示,Columns属性只能在属性窗口设置,当 Columns 属性等于 0 时为单列显示,大于 0 时为多列显示。

(4)Sorted 属性:决定存放列表框中的项目是否按字母顺序排列,Sorted 属性只能在属性窗口设置,其中:

True 存放列表框中的项目按字母顺序排列;

False 存放列表框中的项目按加入先后顺序排列。

(5)ListIndex 属性:是选中的项目序号(下标),列表框中的项目下标从 0 开始,没有项目被选中时,ListIndex 值为−1,ListIndex 属性只能在程序中设置、引用。

(6)ListCount 属性:用于设置存放列表框中的项目的总数,ListCount 属性只能在程序中设置、引用。

(7) Text 属性：是选中的项目内容，Text 属性只能在程序中设置、引用。

(8) Selected(i)属性：是测试某一项是否被选中，Selected(i)属性只能在程序中设置、引用，其中：

True　列表框中的第 i 项被选中；

False　列表框中的第 i 项未被选中。

例如，若选中列表框中某一项目，如图 8-11 所示。

则被选中的列表框中项目的属性如下：

List1. ListCount：4

List1. ListIndex：1

List1. Text：花市灯如昼

List1. List(1)：花市灯如昼

List1. List(1)=(List1. List(List1. ListIndex)=List1. Text)="花市灯如昼"

List1. Sorted：False

List1. Selected(1)=True

(9) Style 属性：是列表框的显示风格，其中：

0　standard　不将复选框显示列表框中；

1　CheckBox　将复选框显示列表框中。

(10) MultiSelect 属性：确定是否可以复选，其中：

0　不允许复选(默认值)；

1　简单复选，利用鼠标单击、按空格键在列表中可取消或选中多项；

2　扩展复选，按 Shift 键，再单击鼠标可选中多项；按 Ctrl 键，多次单击鼠标可选中多项。例如，列表框的显示风格，如图 8-12 所示。

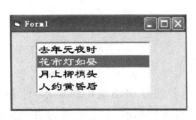

图 8-11　列表框中的选中项目的属性

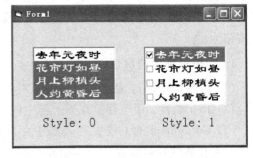

图 8-12　列表框的显示风格

**2. 列表框常用的事件**

列表框常用的事件为 Click、DblClick 事件。

**3. 列表框常用的方法**

(1) AddItem 方法

AddItem 方法的格式：

```
<对象名>.AddItem item [, <index>]
```

功能：用于将项目添加到列表框中。

其中：

item 为字符串表达式，表示要加入的项目。

Index 新增项目所在的位置，若默认这一参数，新增项目添加在列表框最后。

（2）RemoveItem 方法

RemoveItem 方法的格式：

```
<对象名>.RemoveItem <index>
```

功能：用于从列表框控件中删除一个由<index>指定的项目。

（3）Clear 方法

Clear 方法的格式：

```
<对象名>.Clear
```

功能：用于清除列表框控件中的所有项目。

**例 8-6** 创建一个窗体，有两个列表框，第 1 个列表框中的项目是已知选项，如图 8-13 所示，第 2 个列表框中的项目是从第 1 个列表框中选中的项目，程序运行结果如图 8-14 所示。

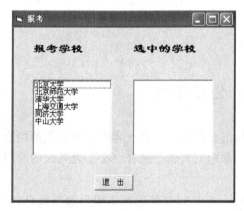

图 8-13 窗体初始化状态

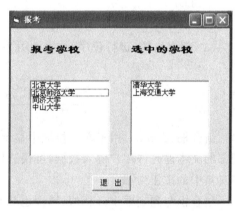

图 8-14 选中列表框中的项目后状态

操作步骤如下：

（1）窗体及控件属性参照图 8-13 设计。

（2）打开"代码设计"窗口，输入程序代码。

Form_Load()事件代码如下：

```
Private Sub Form_Load()                     '给列表框添加项目
    lst1.AddItem "清华大学"
    lst1.AddItem "北京大学"
    lst1.AddItem "中山大学"
    lst1.AddItem "北京师范大学"
```

```
    lst1.AddItem "同济大学"
    lst1.AddItem "上海交通大学"
End Sub
```

lst1_Click()事件代码如下：

```
Private Sub lst1_Click()
'将第 1 个列表框的项目移到第 2 个列表框中,并从第 1 个列表框中删除
    Lst2.AddItem lst1.List(lst1.ListIndex)
    lst1.RemoveItem lst1.ListIndex
End Sub
```

lst1_Click()事件代码如下：

```
Private Sub lst2_Click()
'将第 2 个列表框的项目移到第 1 个列表框中,并从第 2 个列表框中删除
    lst1.AddItem Lst2.List(Lst2.ListIndex)
    Lst2.RemoveItem Lst2.ListIndex
End Sub
```

Cmd1_Click()事件代码如下：

```
Private Sub Cmd1_Click()
    End
End Sub
```

(3) 保存窗体,运行程序,结果如图 8-14 所示。

## 8.7  组合框：登录窗体

组合框(Combo)用于在下拉框中显示数据,组合框实际上是文本框与列表框的组合,顶部的文本框允许用户键入数据,可快速地从底部的列表框中选择一个与之匹配的项目。工具箱中的按钮为▤。

组合框与列表框十分相似,属性也基本相同。通常列表框适合于项目选项是已知的情况,而组合框可提供一些供用户参考的项目选项,并允许用户手动输入列表框中没有的项目选项,此外,组合框与列表框相比,其占用窗体的空间更少。

**1. 组合框常用的属性**

(1) 名称(Name)：是创建的组合框对象的名称。

(2) List、Columns、Sorted、ListIndex、ListCount、Text、Selected、MultiSelect 属性与列表框相同。

(3) Style 属性：是组合框的显示风格,其中：

0  Dropdowm Combo   下拉式组合框；

1  Simple Combo   简单组合框；

2  Dropdowm List   下拉式列表框。

例如,组合框的显示风格,如图 8-15 所示。

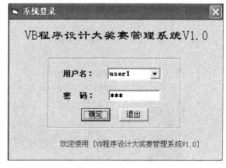

图 8-15 列表框中的显示风格

### 2. 组合框常用的事件

组合框常用的事件有 Click、DblClick 事件。

### 3. 组合框常用的方法

组合框常用的方法有 AddItem 方法、RemoveItem 方法、Clear 方法。

组合框常用的事件、方法的格式、功能与列表框相同。

**例 8-7** 创建一个系统登录窗体,利用组合框为用户提供数据,实现多项选择的功能,程序运行结果如图 8-16 所示。

操作步骤如下:

(1)窗体及控件属性参照图 8-16 设计。

(2)打开"代码设计"窗口,输入程序代码。

Form_Load()事件代码如下:

```
Private Sub Form_Load()  '给组合框添加项目
    Cbouser.AddItem "user1"
    Cbouser.AddItem "user2"
    Cbouser.AddItem "user3"
End Sub
```

图 8-16 系统登录窗体

Cbouser_Click()事件代码如下:

```
Private Sub Cbouser_Click()
    Txtpassword.SetFocus
End Sub
```

Cmdok_Click()事件代码如下:

```
Private Sub Cmdok_Click()'检验密码是否正确
    Static i As Integer
    i=i+1
    If (UCase$ (Trim(Cbouser.Text))="USER1" And Trim(Txtpassword.Text)="111")
    Or (UCase$ (Trim(Cbouser.Text))="USER2" And Trim(Txtpassword.Text)="222")
    Or (UCase$ (Trim(Cbouser.Text))="USER3" And Trim(Txtpassword.Text)="333")
```

```
        Then
            MsgBox "登录成功,欢迎您使用本系统!!!", vbOKOnly, "提示"
        Else
            If i<3 Then
                MsgBox "密码错误,重新输入!", vbOKOnly, "提示"
                Txtpassword.SetFocus
                Txtpassword.Text=""
            ElseIf i=3 Then              '密码输入 3 次都错,拒绝访问系统
                MsgBox "密码错误,你无权使用本系统!", 48, "提示"
            End If
        End If
    End If
End Sub
```

Cmdquit_Click()事件代码如下:

```
Private Sub Cmdquit_Click()
    If MsgBox("真的要退出系统吗?", 64+1, "提示")=1 Then
        End
    Else
        Cbouser.SetFocus
    End If
End Sub
```

Time1_Timer()事件代码如下:

```
Private Sub Time1_Timer()
    If Lblroll.Left>-Lblroll.Width Then
        Lblroll.Left=Lblroll.Left-50
    Else
        Lblroll.Left=Me.ScaleWidth
    End If
End Sub
```

(3) 保存窗体,运行程序,结果如图 8-16 所示。

## 8.8 滚动条: 形状控制

滚动条控件分为水平滚动条(Hscroll)和垂直滚动条(Vscroll)两种,当控件的信息量很大,或控件的属性可调时,可用滚动条水平、垂直滚动控件实施信息和属性的调节。滚动条的操作不依赖其他控件,它有自己的属性、事件和方法。需要说明,某些控件有内置的滚动条,如:文本框、列表框、组合框,它们与这里介绍的有所不同。工具箱中的按钮为▣、▤。

**1. 滚动条常用的属性**

(1) 名称(Name):是创建的滚动条对象的名称。

(2) Value 属性:用来获取或设置与滑块所处位置对应的数值。

（3）Max 属性：用来获取或设置滑块的滚动范围的上限。

（4）Min 属性：用来获取或设置滑块的滚动范围的下限。

（5）SmallChange 属性：用来获取或设置"单击"箭头时的增量值。

（6）LargeChange 属性：用来获取或设置"移动"滑块的增量值。

**2. 滚动条常用的事件**

（1）Change 事件：是在移动滚动滑块，或通过代码改变 Value 属性值，或单击滚动条两端的箭头，或单击空白处时触发的事件。

（2）Scroll 事件：是当滚动滑块被重新定位，或滑块按水平方向滚动，或滑块按垂直方向滚动时触发的事件。

Scroll 事件与 Change 事件的区别在于：当滚动条控件滚动时 Scroll 事件一直发生，而 Change 事件只是在滚动结束之后才发生一次。

**例 8-8**　创建一个窗体，有 5 个形状，两个滚动条，如图 8-17 所示，通过两个滚动条的滚动，改变形状的颜色和大小，程序运行结果如图 8-18 所示。

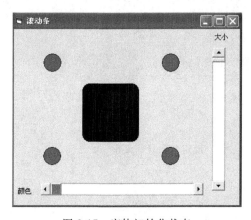

图 8-17　窗体初始化状态

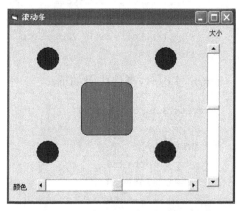

图 8-18　改变形状的颜色和大小

操作步骤如下：

（1）窗体及控件属性参照图 8-17 设计。

（2）打开"代码设计"窗口，输入程序代码。

Sub 过程（hs）程序代码如下：

```
Private Sub hs()
    Dim i As Integer
    Shp2.BackColor=QBColor(HScroll1.Value)
    For i=0 To 3
        Shp1(i).BackColor=QBColor(HScroll1.Value+3)
    Next i
End Sub
```

Sub 过程（vs）程序代码如下：

```
Private Sub vs()
```

```
    With Shp2
        .Width=1500-HScroll1.Value * 10
        .Height=1500-VScroll1.Value * 10
        .Top=1400+VScroll1.Value * 10/2
        .Left=1800+VScroll1.Value * 10/2
    End With
    For i=0 To 3
        Shp1(i).Width=460+VScroll1.Value * 10
        Shp1(i).Height=460+VScroll1.Value * 10
    Next i
    Shp1(0).Top=630-VScroll1.Value * 10/2
    Shp1(1).Top=630-VScroll1.Value * 10/2
    Shp1(2).Top=3030-VScroll1.Value * 10/2
    Shp1(3).Top=3030-VScroll1.Value * 10/2
    Shp1(0).Left=780-VScroll1.Value * 10/2
    Shp1(1).Left=3900-VScroll1.Value * 10/2
    Shp1(2).Left=780-VScroll1.Value * 10/2
    Shp1(3).Left=3900-VScroll1.Value * 10/2
End Sub
```

Form_Load()事件代码如下：

```
Private Sub Form_Load()
    Dim i As Integer
    With Shp2                                    '设定各形状的大小
        .Width=1500
        .Height=1500
        .Left=1800
        .Top=1400
        .BackColor=QBColor(0)
    End With
    For i=0 To 3
        Shp1(i).Width=460
        Shp1(i).Height=460
        Shp1(i).BackColor=QBColor(3)
    Next i
    Shp1(0).Top=630
    Shp1(1).Top=630
    Shp1(2).Top=3030
    Shp1(3).Top=3030
    Shp1(0).Left=780
    Shp1(1).Left=3900
    Shp1(2).Left=780
    vShp1(3).Left=3900
End Sub
```

HScroll1_Change()事件代码如下：

```
Private Sub HScroll1_Change()
    Call HS
End Sub
```

HScroll1_Scroll()事件代码如下：

```
Private Sub HScroll1_Scroll()
    Call HS
End Sub
```

VScroll1_Change()事件代码如下：

```
Private Sub VScroll1_Change()
    Call VS
End Sub
```

VScroll1_Scroll()事件代码如下：

```
Private Sub VScroll1_Scroll()
    Call VS
End SubH
```

（3）保存窗体，运行程序，结果如图 8-17 和图 8-18 所示。

## 8.9  综合应用实例

以下介绍的是几个功能较为独立，具有一定实用性的程序实例。

### 8.9.1  四则运算测试器

**例 8-9**  创建一个窗体，能够进行四则运算，并能够测试其结果是否正确，再统计出所做题目正确和错误的个数。本例每运行一次只能做 10 道算术题，题目是通过产生随机数组成的两位数的四则运算式。若四则运算式是除法，四舍五入保留小数点两位，程序运行结果如图 8-19 和图 8-20 所示。

操作步骤如下：

（1）窗体及控件属性参照图 8-19 设计。

（2）打开"代码设计"窗口，输入程序代码。

定义窗体变量代码如下：

```
Dim a() As Integer                      '操作数 1
Dim b() As Integer                      '运算符
Dim c() As Integer                      '操作数 2
Dim result() As Double                  '结果
Dim cou As Integer                      '计数器
```

图 8-19 窗体初始化状态

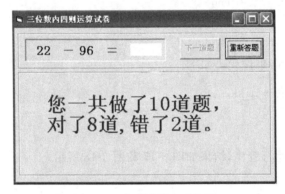

图 8-20 完成计算查看结果

```
Dim right As Integer                        '正确的题数
Dim wrong As Integer                        '错误的题数
```

Sub 过程(product)程序代码如下:

```
Private Sub product()
    ReDim Preserve a(cou)
    ReDim Preserve b(cou)
    ReDim Preserve c(cou)
    ReDim Preserve result(cou)
    a(cou)=10+Int(Rnd * 90)
    b(cou)=1+Int(Rnd * 4)
    c(cou)=10+Int(Rnd * 90)
    Select Case b(cou)
        Case 1                              '加法
            result(cou)=a(cou)+c(cou)
            Lbl2.Caption="+"
        Case 2                              '减法
            result(cou)=a(cou)-c(cou)
            Lbl2.Caption="-"
```

```
        Case 3                                '乘法
            result(cou)=a(cou) * c(cou)
            Lbl2.Caption="*"
        Case 4                                '除法
            result(cou)=Int(a(cou)/c(cou) * 100+0.5)/100
    End Select
    Lbl1.Caption=CStr(a(cou))
    Lbl3.Caption=CStr(c(cou))
End Sub
```

## Form_Load()事件代码如下：

```
Private Sub Form_Load()
    Randomize
    Pic1.Height=555
    Frm1.Height=960
    Frm2.Height=2625
    Frm2.Top=990
    Txt1.Text=""
    cou=1
    Call product
End Sub
```

## Cmd1_Click()事件代码如下：

```
Private Sub Cmd1_Click()
    If Cmd1.Caption="查看结果" Then
        Cmd1.Caption="重新答题"
        Lblresult.FontSize=25
        Lblresult.Caption="您一共做了 10 道题,对了" & CStr(right) & "道," & "错了"
        & CStr(wrong) & "道。"
    Else
        Cmd1.Caption="查看结果"
        Cmd2.Enabled=True
        Form_Load
    End If
End Sub
```

## Cmd2_Click()事件代码如下：

```
Private Sub Cmd2_Click()
    If Val(Txt1.Text)=result(cou) Then
        right=right+1
        Lblresult.Caption="恭喜你,答对了!"
    Else
        wrong=wrong+1
        Lblresult.Caption="答错了,请努力!"
```

```
        End If
        cou=cou+1
        If cou>10 Then
            MsgBox "对不起,试用版本每次只提供 10 套题,如想获得更多功能请购买正版!",
            vbOKOnly, "提示"
            Timer1.Enabled=False
            Cmd2.Enabled=False
            Cmd1.Enabled=True
            Exit Sub
        End If
        Timer1.Enabled=True
        Txt1.Text=""
End Sub
```

(3) 保存窗体,运行程序,结果如图 8-19 和图 8-20 所示。

### 8.9.2    人机感应测试游戏

**例 8-10**    创建一个窗体,设计一款游戏。

人机感应测试游戏:首先打开一个窗体,如图 8-21 所示,有若干张扑克牌,让测试者记住其中的任意一张"牌",然后单击"感应"按钮,打开第二个窗体,少了一张"牌",结果恰好是测试者记住的那张"牌"不见了,程序运行结果如图 8-22 所示。

图 8-21    测试前窗体

人机感应测试游戏原理很简单,实际上是利用了一个障眼法。在打开第一个窗体时随机放置 6 张"牌",当打开第二个窗体,保证所放置的 5 张"牌",与第一个窗体放置的 6 张"牌"全都不一样,但花色非常相近,这样,不管测试者记住什么"牌",都会被去掉,由于计算机运算速度快,加之强调让测试者只记住一张"牌",造成一种视觉"疏忽",测试者若不明真相,以为计算机真的那么"灵",这一款游戏便有了趣味。

操作步骤如下:

(1) 第一个窗体及控件属性参照图 8-21 设计。

(2) 第二个窗体及控件属性参照图 8-22 设计。

(3) 打开第一个窗体,打开"代码设计"窗口,输入程序代码。

图 8-22　测试后窗体

Form_Load()事件代码如下：

```
Private Sub Form_Load()                  '放好 6 张牌
    Dim i As Integer, k As Integer
    Dim lef As Integer                   '存放图像框的 left 属性
    Randomize
    k=1+Int(Rnd * 6)                     '随机出牌(即改变牌的位置)
    For i=0 To 5
        lef=150+i * 1080                 '150 为第一张牌的 left,1080 为牌的宽度
        k=k+1
        If k>6 Then k=k-6
        Img1(k).Left=lef
        Img1(k).Top=225
    Next   i
End Sub
```

Cmd1_Click()事件代码如下：

```
Private Sub cmd1_Click()
    Unload Me
    Frm2.Show
End Sub
```

（4）打开第二个窗体，打开"代码设计"窗口，输入程序代码。

Form_Load()事件代码如下：

```
Private Sub Form_Load()                  '放好 5 张牌
    Dim i As Integer, k As Integer
    Dim lef As Integer                   '存放图像框的 left 属性
    Randomize
    k=1+Int(Rnd * 5)                     '随机出牌(即改变牌的位置)
    For i=0 To 4
        lef=150+i * 1080                 '150 为第一张牌的 left,1080 为牌的宽度
        k=k+1
```

```
        If k>5 Then k=k-5
        Img1(k).Left=lef
        Img1(k).Top=225
    Next  i
    Shp1.Left=5550
    Shp1.Top=225
End Sub
```

Cmd1_Click()事件代码如下:

```
Private Sub cmd1_Click()
    Unload Me
    Frm1.Show
End Sub
```

(5) 保存窗体,运行程序,结果如图 8-21 和图 8-22 所示。

### 8.9.3　成绩排行统计

**例 8-11**　创建一个窗体,有 3 个列表框,第 1 个列表框中的项目是学生姓名,是从组合框中选取出来的,第 2 个列表框中的项目是对应的学生成绩,是通过文本框接收的数据所提供的,如图 8-23 所示。当这个操作重复多次便使得第 1 个列表框、第 2 个列表框有了多个项目;然后单击"公告"按钮,则在第 3 个列表框中显示输出学生的姓名、成绩和名次。程序运行结果如图 8-24 所示。

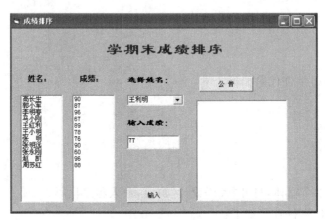

图 8-23　输入成绩

操作步骤如下:
(1) 窗体及控件属性参照图 8-23 设计。
(2) 打开"代码设计"窗口,输入程序代码。
定义窗体变量代码如下:

```
Dim a(20) As Integer, b(20) As Integer
Dim i As Integer, j As Integer
```

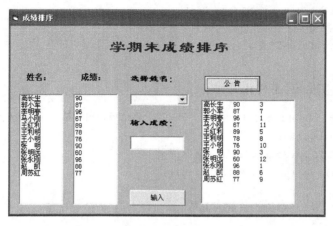

图 8-24　输出名次

Form_Load()事件代码如下:

```
Private Sub Form_Load()                    '给组合框添加项目
    CboName.AddItem "张　明"
    CboName.AddItem "王利明"
    CboName.AddItem "张小红"
    CboName.AddItem "李明春"
    CboName.AddItem "张永刚"
    CboName.AddItem "李红玉"
    CboName.AddItem "周苏红"
    CboName.AddItem "苏永佳"
    CboName.AddItem "王小明"
    CboName.AddItem "高长生"
    CboName.AddItem "赵小凤"
    CboName.AddItem "张明远"
    CboName.AddItem "马小刚"
    CboName.AddItem "郭小军"
    CboName.AddItem "王红利"
    CboName.AddItem "赵　凯"
    CboName.AddItem "毛昕宇"
    CboName.AddItem "张　萌"
    CboName.AddItem "赵钱孙"
    CboName.AddItem "孙明钟"
    TxtScore.Text=""
End Sub
```

Cmdinput_Click()事件代码如下:

```
Private Sub Cmdinput_Click()               '将选定的组合框项目添加到第 1 个列表框中
    LstName.AddItem CboName.List(CboName.ListIndex)
    CboName.RemoveItem CboName.ListIndex
```

```
    LstScore.AddItem TxtScore.Text
    '将输入的文本框中的数据添加到第 2 个列表框中
    TxtScore.Text=""
End Sub
```

CmdNotice_Click()事件代码如下：

```
Private Sub CmdNotice_Click()                '将结果输出到第 3 个列表框中
    LstNotice.Clear
    For i=1 To LstScore.ListCount
        a(i)=Val(LstScore.List(i-1))
    Next i
    For i=1 To LstScore.ListCount
        b(i)=1
        For j=1 To LstScore.ListCount
            If a(i)<a(j) Then b(i)=b(i)+1
        Next j
        LstNotice.AddItem LstName.List(i-1)+"   "+LstScore.List(i-1)+"      "+
        Str(b(i))
    Next i
End Sub
```

(3) 保存窗体，运行程序，结果如图 8-23 和图 8-24 所示。

### 8.9.4　文字字符效果设计器

**例 8-12**　创建一个窗体，通过文本框输入文本信息，利用 3 个组合框中的项目确定字体、字形和大小，还可以利用两个复选按钮控制文本框文本效果，程序运行结果如图 8-25 所示。

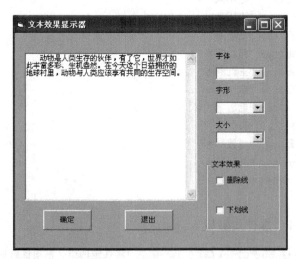

图 8-25　窗体初始化状态

操作步骤如下：

（1）窗体及控件属性参照图 8-25 设计。

（2）打开"代码设计"窗口，输入程序代码。

Form_Load()事件代码如下：

```
Private Sub Form_Load()                  '给 3 个组合框添加项目
    Cbo1.List(0)="方正舒体"
    Cbo1.List(1)="方正姚体"
    Cbo1.List(2)="华文彩云"
    Cbo1.List(3)="华文中宋"
    Cbo1.List(4)="华文琥珀"
    Cbo1.List(5)="华文行楷"
    Cbo1.List(6)="华文细黑"
    Cbo1.List(7)="楷体_GB2312"
    Cbo1.List(8)="华文新魏"
    Cbo1.List(9)="宋体"
    Cbo2.List(0)="常规"
    Cbo2.List(1)="斜体"
    Cbo2.List(2)="粗体"
    Cbo2.List(3)="粗斜体"
    Cbo3.List(0)=8
    Cbo3.List(1)=9
    Cbo3.List(2)=10
    Cbo3.List(3)=11
    Cbo3.List(4)=12
    Cbo3.List(5)=14
    Cbo3.List(6)=16
    Cbo3.List(7)=18
    Cbo3.List(8)=20
    Cbo3.List(9)=22
    Cbo3.List(10)=24
    Cbo3.List(11)=26
    Cbo3.List(12)=28
    Cbo3.List(13)=36
    Cbo3.List(14)=48
    Cbo3.List(15)=72
    Me.Show
    Txt1.SetFocus
End Sub
```

Cmd1_Click()事件代码如下：

```
Private Sub Cmd1_Click()
    Txt1.FontName=Cbo1.List(Cbo1.ListIndex)
    Txt1.FontSize=Cbo3.List(Cbo3.ListIndex)
    If Chk1.Value=1 Then
```

```
            Txt1.FontStrikethru=True
        Else
            Txt1.FontStrikethru=False
        End If
        If Chk2.Value=1 Then
            Txt1.FontUnderline=True
        Else
            Txt1.FontUnderline=False
        End If
        If Cbo2.ListIndex=0 Then
            Txt1.FontBold=False
            Txt1.FontItalic=False
        End If
        If Cbo2.ListIndex=1 Then
            Txt1.FontItalic=True
        End If
        If Cbo2.ListIndex=2 Then
            Txt1.FontBold=True
        End If
        If Cbo2.ListIndex=3 Then
            Txt1.FontBold=True
            Txt1.FontItalic=True
        End If
    End Sub
```

Cmd2_Click()事件代码如下：

```
Private Sub Cmd2_Click()
    End
End Sub
```

(3) 保存窗体,运行程序,结果如图 8-25 所示。

## 本章的知识点结构

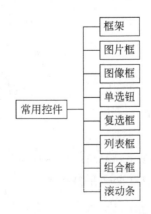

# 习 题

1. 回答下列问题：

(1) 已学过的容器类控件有哪些？它们各自的功能是什么？

(2) 图片框与图像框的不同之处是什么？

(3) 单选按钮与复选按钮的作用是什么？

(4) 列表框与组合框的共同之处是什么？

(5) 列表框与组合框的 Style 属性有什么不同？

2. 编写程序。

(1) 设计一个窗体，模拟交通信号指示灯，程序运行结果如图 8-26 所示。

(2) 设计一个窗体，使已知字符串反转，程序运行结果如图 8-27 所示。

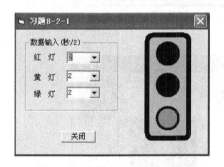

图 8-26 模拟交通信号指示灯

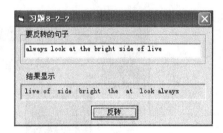

图 8-27 字符串反转

(3) 设计一个窗体，利用单选按钮和复选按钮控制字符串的显示效果，程序运行结果如图 8-28 所示。

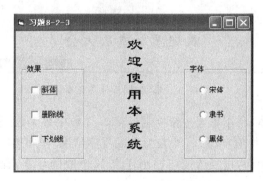

图 8-28 字符串显示效果控制

(4) 设计一个窗体，利用形状、图片框美化窗体，其中"祝"、"贺"两字的背景颜色受时钟控制不断变化，窗体下方有一个电子时钟，程序运行结果如图 8-29 所示。

(5) 设计一个窗体，利用形状、图片框美化窗体，其中 3 张图片受时钟控制不断变化，窗体下方有一个电子时钟，程序运行结果如图 8-30 所示。

图 8-29    形状、图片框美化窗体

图 8-30    形状、图片框美化窗体

（6）设计一个窗体，利用单选按钮控制计算 N 个数中最大数、最小数，N 个数的和、N 个数的积、N 个数的平均值，以及 N 个任意数的排序结果，程序运行结果如图 8-31 所示。

（7）问题与上题相同，用复选按钮控制任意 N 个数的计算，程序运行结果如图 8-32 所示。

（8）设计一个窗体，对文本的输出效果加以设计，程序运行结果如图 8-33 所示。

（9）设计一个窗体，将输入的自然数分解成若干个质数的乘积，程序运行结果如图 8-34 所示。

（10）设计一个窗体，当输入您出生的年份，系统将会判断出您的属相，并在窗体中输出，程序运行结果如图 8-35 所示。

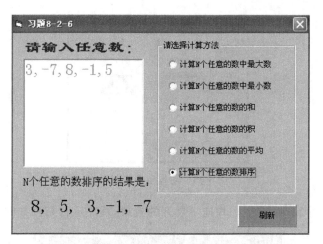

图 8-31 单选按钮控制任意 N 个数的计算

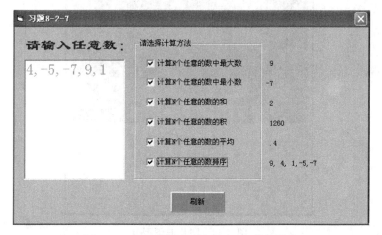

图 8-32 复选按钮控制任意 N 个数的计算

图 8-33 文本的输出效果

图 8-34 自然数分解

图 8-35　输入年份判断属相

（11）设计一个窗体，产生图片向下展开的效果，程序运行结果如图 8-36 所示。

图 8-36　图片向下展开

# 第9章 绘图程序

前面介绍的图片框、图像框是把已有的图形文件在窗体上输出，而在设计窗体时，有时还需要绘制一些简单的图形或绘制有专门用途的图形，这些图形可以通过点、圆、直线、矩形等基本元素组成。

本章将介绍 Visual Basic 系统为用户提供的绘图语句。

## 9.1 坐 标 系 统

绘图语句所绘制的图形，通常是通过容器控件（窗体、图片框）输出的，而每个容器控件都有一个坐标系统，坐标系是在容器控件中绘图必备的条件。一个坐标系包含坐标度量单位、坐标原点、坐标轴的长度与方向等要素。由坐标的原点、长度和方向三个要素确定绘制的图形在容器中的位置。

**1. 坐标度量单位**

坐标度量单位是由容器对象的 ScaleMode 属性决定的。

ScaleMode 属性值的不同含义见表 9-1。

表 9-1　ScaleMode 属性值含义

| ScaleMode 属性值 | 代码的含义 | ScaleMode 属性值 | 代码的含义 |
| --- | --- | --- | --- |
| 0 | 用户自定义（user） | 4 | 字符（character） |
| 1 | 缇（twip） | 5 | 英寸（inch） |
| 2 | 点（point） | 6 | 毫米（millimeter） |
| 3 | 像素（pixel） | 7 | 厘米（centimeter） |

其中：

1 英寸＝1440 缇；

1 厘米＝567 缇；

1 英寸＝72 点。

ScaleMode 属性的系统默认值为 twip，通常使用 pixel。

**2. 坐标系统**

容器的坐标系统可以由 ScaleLeft、ScaleTop、ScaleHeight、ScaleWidth 属性来确定。

其中：

(ScaleLeft,ScaleTop)是所绘制的图形在容器中显示区域的左上角坐标；

(ScaleLeft＋ScaleWidth,ScaleTop＋ScaleHeight)是所绘制的图形在容器中显示区域的右下角坐标；

系统默认(ScaleLeft,ScaleTop)为(0,0)，如图 9-1 所示。

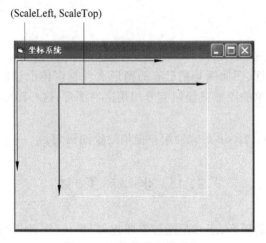

图 9-1　系统默认坐标系统

### 3. 用户自定义坐标系统

如果用户使用系统默认(ScaleLeft,ScaleTop)即(0,0)，则默认坐标的原点在容器的左上角。通常在绘制图形时，如希望坐标的原点在一个指定的位置，这时用户可自定义坐标系统。

方法一：

利用(ScaleLeft,ScaleTop)和(ScaleLeft＋ScaleWidth,ScaleTop＋ScaleHeight)属性定义坐标系统，将(ScaleLeft,ScaleTop)坐标平移，坐标向右、向上移动为正，坐标向左、向下移动为负。

**例 9-1**　定义一个系统坐标，其坐标原点为(0,0)，使原点在窗体的中央位置。如图 9-2所示。

操作步骤如下：

(1) 设计窗体 Name 属性为 Frm1，Caption 属性为"用户自定义坐标系统"。

(2) 打开"代码设计"窗口，输入程序代码。

Form_Load()事件代码如下：

```
Private Sub Form_Load()
    Frm1.ScaleLeft=-100
    Frm1.ScaleTop=100
    Frm1.ScaleHeight=-200
    Frm1.ScaleWidth=200
```

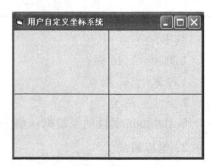

图 9-2　用户自定义坐标系统

```
    Line (0, 100)-(0,-100)
    Line (100, 0)-(-100, 0)
End Sub
```

（3）保存窗体，运行程序，结果如图 9-2 所示。

方法二：

利用 Scale 方法定义坐标系统。

Scale 方法的格式：

```
[对象.]Scale[(xLeft,yTop)-(xRight,yBottom)]
```

功能：自定义坐标系统。

例 9-1 也可用以下代码设置坐标系统。

```
Private Sub Form_Load()
    Frm1.Scale (-100, 100)-(100,-100)
    Line (0, 100)-(0,-100)
    Line (100, 0)-(-100, 0)
End Sub
```

## 9.2 绘图属性

除坐标系统外，与绘图相关的容器属性也要了解，这样才能绘出所需的图形。

**1. CurrentX，CurrentY 属性**

CurrentX，CurrentY 属性给出在容器内绘图时的当前横坐标、纵坐标，这两个属性只能在程序中设置。

CurrentX，CurrentY 属性格式：

```
[对象.]CurrentX [=x]
[对象.]CurrentY [=y]
```

功能：设置对象的 CurrentX 和 CurrentY 的值。

**2. DrawWidth 属性**

DrawWidth 属性用于设置容器内所画线的宽度或点的大小。

DrawWidth 属性格式：

```
[对象.]DrawWidth [=<Size>]
```

功能：设置容器输出的线宽。

其中，<Size>为数值表达式，其范围为 1～32 767，该值以像素为单位表示线宽。默认值为 1，即一个像素宽。

**3. DrawStyle 属性**

DrawStyle 属性用于设置容器内所画线的形状。

DrawStyle 属性值的不同含义见表 9-2。

**表 9-2 DrawStyle 属性值含义**

| DrawStyle 属性值 | 代码的含义 | DrawStyle 属性值 | 代码的含义 |
|---|---|---|---|
| 0 | 实线(solid) | 4 | 双点划线(dash-dot-dot) |
| 1 | 虚线(dash) | 5 | 透明线(transparent) |
| 2 | 点线(dot) | 6 | 内收实线(inside-solid) |
| 3 | 点划线(dash-dot) | | |

#### 4. AutoRedraw 属性

AutoRedraw 属性用于设置和返回对象或控件是否能自动重绘。

若 AutoRedraw 属性值为 True 时,使 Form 对象或 PictureBox 控件的自动重绘有效,否则对象不接受重绘事件(Paint)。

## 9.3 绘 图 方 法

本节介绍 Visual Basic 系统所提供的用于绘图的 Pset 方法、Line 方法、Circle 方法。

### 9.3.1 Pset：画彩色的点

用 Pset 方法能够在容器内画出一个点。

Pset 方法格式如下：

```
[对象名.] Pset (X,Y) [,颜色]
```

功能：在由[<对象名>.]指定的容器内,在坐标为(X,Y)的位置上画一个点;若默认[<对象名>.],画出的点则在窗体上,且坐标为(X,Y)的位置上画一个点。

**例 9-2** 设计一个窗体,利用图片框做画板,在画板上随机画彩色的点,程序运行结果如图 9-3 所示。

操作步骤如下：

(1) 设计窗体及控件属性参照图 9-4。

(2) 打开"代码设计"窗口,输入程序代码。

Form_Load()事件代码如下：

```
Private Sub Form_Load()
    Frm1.Width=5430
    Frm1.Height=4605
    PicDraw.DrawWidth=3
End Sub
```

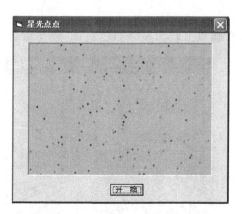

图 9-3 在画板上画彩色的点

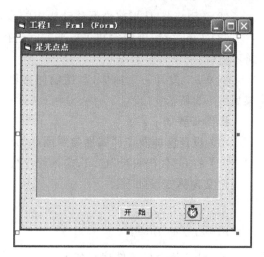

图 9-4 画彩色的点窗体的设计

Tmr1_Timer()事件代码如下：

```
Private Sub Tmr1_Timer()
    Dim wid As Integer, hei As Integer
    Dim color1
    Dim x As Single, y As Single
    color1=RGB(255 * Rnd, 255 * Rnd, 255 * Rnd)
    x=10000 * Rnd
    y=10000 * Rnd
    PicDraw.PSet (x, y), color1
End Sub
```

Cmd1_Click()事件代码如下：

```
Private Sub Cmd1_Click()
Tmr1.Enabled=True
End Sub
```

（3）保存窗体，运行程序，结果如图 9-3 所示。

### 9.3.2 Line：十字彩线

用 Line 方法能够在容器内画出一个线段或一个矩形。
Line 方法格式如下：

[对象名.] Line [ [Step] (X1,Y1)]—(X2,Y2)[,颜色][,B[F]]

功能：在由[对象名.]指定的容器内，在坐标系中以（X1，Y1）为起点，（X2，Y2）为终点画一个线段，或一个矩形。

注意事项：

（1）[,B[F]]：B 表示画矩形，F 表示用画矩形的颜色来填充矩形。

（2）[Step]：从当前坐标移动相应的步长后所得的点为画线起点。

（3）Line方法中的参数可根据实际选择取舍，如果舍去的是中间参数，但参数的分隔符不能舍去。

**例9-3**    设计一个窗体，利用窗体做画板，在画板上画出多条彩色直线，程序运行结果如图9-5所示。

操作步骤如下：

（1）设计窗体及控件属性参照图9-5。

（2）打开"代码设计"窗口，输入程序代码。

定义窗体变量如下：

```
Dim i As Integer
Dim x, y As Integer
```

Tmr1_Timer()事件代码如下：

```
Private Sub Tmr1_Timer()
        Line ( Me. ScaleWidth/2, Me.
        ScaleHeight/2)-(x, y), RGB(255 *
        Rnd, 255 * Rnd, 255 * Rnd)
    x=i * Sin(i)
    y=i * Cos(i)
    i=i+10
End Sub
```

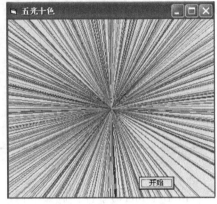

图9-5    十字彩线

Cmd1_Click()事件代码如下：

```
Private Sub Cmd1_Click()
    Tmr1.Enabled=True
End Sub
```

（3）保存窗体，运行程序，结果如图9-5所示。

### 9.3.3    Circle："皇冠状"旋转图

用Circle方法能够在容器内画出一个圆、椭圆、圆弧或扇形。

Circle方法格式如下：

```
[对象名.] Circle [ [Step] (X,Y),半径[,颜色][,起始角]
        [,终止角][,长短轴比率]]
```

功能：在由[＜对象名＞.]指定的容器内，在坐标系中以(X,Y)为圆心画圆、椭圆、圆弧或扇形。

注意事项：

（1）(X,Y)：为圆心坐标。

（2）半径：为圆的半径。

（3）［，起始角］和［，终止角］：可控制画圆弧和扇形。

（4）［，长短轴比率］：可控制画圆还是椭圆，默认值为1，画圆。

**例9-4** 设计一个窗体，利用 Circle 方法画一个"皇冠状"旋转图形，程序运行结果如图 9-6 所示。

操作步骤如下：

（1）设计窗体及控件属性参照图 9-6。

（2）打开"代码设计"窗口，输入程序代码。

定义窗体变量和常量如下：

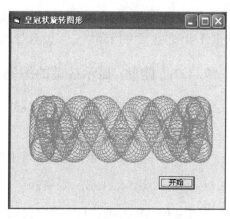

图 9-6 "皇冠状"旋转图形

```
Dim IndexX As Single, IndexY As Single
Dim R As Single
Dim t As Single
Dim x As Single, y As Single
Const Pi=3.1415926
```

Form_Load()事件代码如下：

```
Private Sub Form_Load()
    DrawWidth=1
    AutoRedraw=True
    IndexX=Frm1.Width/2
    IndexY=Frm1.Height/2
    R=2000
End Sub
```

Tmr1_Timer()事件代码如下：

```
Private Sub Tmr1_Timer()
    t=t+0.03
    Cls
    For i=1 To 256
        x=IndexX+R*Cos(t+i*(Pi/128))
        y=IndexY+R*Sin(t+i*(Pi/16))*Sin(Pi/12)
        Circle (x, y), 300, vbGreen
    Next 1
End Sub
```

Cmd1_Click()事件代码如下：

```
Private Sub Cmd1_Click()
    Tmr1.Enabled=True
End Sub
```

（3）保存窗体，运行程序，结果如图 9-6 所示。

# 9.4 键盘与鼠标事件

键盘与鼠标是进行应用程序操作的基础,在 Visual Basic 系统中,与键盘和鼠标相关的事件很多,这里专门介绍一下键盘与鼠标常用的事件。

## 9.4.1 键盘:显示按键的编码

键盘的常用事件有 KeyPress、KeyDown、KeyUp。

**1. KeyPress 事件**

KeyPress 是在键盘上单击某一个按键时触发的事件。它的语法如下:

```
KeyPress(KeyAscii As Integer)
```

其中:KeyAscii 的值是一个字符码,即我们所按键的 ASCII 编码值。

**2. KeyDown 和 KeyUp 事件**

KeyDown 和 KeyUp 是在键盘上按下或放开某一个按键时触发的事件。它们的语法如下:

```
KeyDown(KeyCode As Integer,Shift As Integer)
KeyUp(KeyCode As Integer,Shift As Integer)
```

KeyCode 的值是一个字符码,即所按键在键盘上的位置编码值。
Shift 的值是一个整数,该值指示是否按下 Shift、Ctrl、Alt 的状态。
其中:
0   Shift,Ctrl,Alt 都未按下。
1   Shift 键被按下(vbShiftMark)。
2   Ctrl 键被按下(vbCtrlMark)。
3   Shift+Ctrl 被按下(vbShiftMark+vbCtrlMark)。
4   Alt 键被按下(vbAltMark)。
5   Shift+Alt 键被按下(vbShiftMark+vbAltMark)。
6   Ctrl+Alt 键被按下(vbCtrlMark+vbAltMark)。
7   Shift+Ctrl+Alt 键被按下(vbShiftMark+vbCtrlMark+vbAltMark)。

**例 9-5** 设计一个窗体,显示按键的 KeyAscii 码与 KeyCode 码,程序运行结果如图 9-7 所示。

操作步骤如下:

(1) 设计窗体及控件属性参照图 9-7。

(2) 打开"代码设计"窗口,输入程序代码。

Txt1_KeyPress()事件代码如下:

```
Private Sub Txt1_KeyPress(KeyAscii As Integer)
```

图 9-7  KeyAscii 码与 KeyCode 码

```
    Txt2.Text=KeyAscii
    Txt1.Text=""
    Txt1.SetFocus
End Sub
```

Txt1_KeyDown()事件代码如下：

```
Private Sub Txt1_KeyDown(KeyCode As Integer, Shift As Integer)
    Txt3.Text=KeyCode
End Sub
```

（3）保存窗体，运行程序，结果如图 9-7 所示。

## 9.4.2 鼠标事件：鼠标轨迹

鼠标的常用事件有 MouseMove、MouseDown、MouseUp。

### 1. MouseMove 事件

MouseMove 事件是鼠标移动到控件上时触发的事件。它的语法如下：

```
MouseMove(Button As Integer,Shift As Integer,X As Single,Y As Single)
```

Button 的值是一个整数，该值指示按下鼠标的状态。
其中：
1 按住鼠标左键（vbLeftButton）。
2 按住鼠标右键（vbRightButton）。
3 按住鼠标中间键（vbMiddleButton）。

### 2. MouseDown、MouseUp 事件

MouseDown、MouseUp 是鼠标按下或放开时触发的事件。它们的语法如下：

```
MouseDown(Button As Integer,Shift As Integer,X As Single,Y As Single)
MouseUp(Button As Integer,Shift As Integer,X As Single,Y As Single)
```

其中 Button 的值与 MouseMove 事件相同，Shift 的值与 KeyDown 和 KeyUp 事件相同。

**例 9-6** 设计一个窗体，显示鼠标轨迹，程序运行结果如图 9-8 所示。

操作步骤如下：

（1）窗体及控件属性参照图 9-8 设计，本窗体包含 1 个形状控件（定义为控件数组第一个元素），1 个时钟控件。

（2）打开"代码设计"窗口，输入程序代码。

定义窗体变量代码如下：

```
Dim x1, y1
```

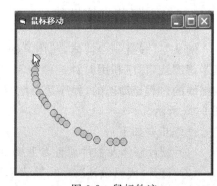

图 9-8 鼠标轨迹

Form_Load()事件代码如下：

```
Private Sub Form_Load()
    Dim i As Integer
    For i=1 To 20
        Load Shp1(i)                        '添加新的形状
        Shp1(i).Visible=False
    Next i
End Sub
```

Form_MouseMove()事件代码如下：

```
Private Sub Form_MouseMove(Button As Integer, Shift As Integer, X As Single, Y As
Single)
    x1=X
    y1=Y
    Timer1.Enabled=True
End Sub
```

Timer1_Timer()事件代码如下：

```
Private Sub Timer1_Timer()
    Static i As Integer
    Shp1(i).Visible=True
    Shp1(i).Move x1, y1
    i=i+1
    If i>20 Then i=0
End Sub
```

(3) 保存窗体,运行程序,结果如图9-8所示。

## 9.5　应 用 实 例

以下介绍几个画图的综合例题。

### 9.5.1　阿基米德螺线

例9-7　设计一个窗体,利用Pset方法画出阿
基米德螺线,程序利用时钟控件控制,所画阿基米
德螺线的过程是动态的,程序运行结果如图9-9和
图9-10所示。

操作步骤如下：

(1) 设计窗体及控件属性参照图9-11。

(2) 打开"代码设计"窗口,输入程序代码。

定义窗体变量如下：

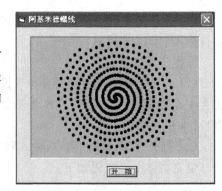

图9-9　阿基米德螺线(1)

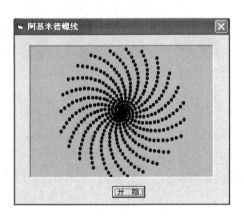

图 9-10 阿基米德螺线(2)

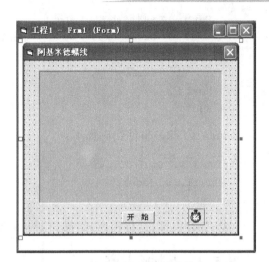

图 9-11 画阿基米德螺线窗体的设计

```
Dim finish As Integer                    '画线时的终止值
Dim step1 As Single                      '控制画线时的步长
```

## Form_Load()事件代码如下：

```
Private Sub Form_Load()
    Frm1.Width=5430
    Frm1.Height=4605
    PicDraw.DrawWidth=5
    step1=4                              '为 step1 赋初值(可以随机产生)
    finish=1
End Sub
```

## Tmr1_Timer()事件代码如下：

```
Private Sub Tmr1_Timer()
    Dim wid As Integer, hei As Integer
    Dim color1
    Dim x As Single, y As Single, i As Single
    color1=RGB(255 * Rnd, 255 * Rnd, 255 * Rnd)
    wid=PicDraw.ScaleWidth/2
    hei=PicDraw.ScaleHeight/2
    If finish<hei Then                   '控制画线时的范围(即不能超出 picturebox)
        finish=finish+10
    Else                                 '重新画线
        finish=1
        step1=4 * Rnd+1                  '通过改变 step1 的值,可以画出不同的阿基米德螺线
        PicDraw.Cls
        Exit Sub
    End If
```

```
    For i=0 To finish Step step1
        x=i * Cos(i)+wid                    '阿基米德螺线参数方程
        y=i * Sin(i)+hei
        PicDraw.PSet (x, y), color1
    Next i
End Sub
```

Cmd1_Click()事件代码如下：

```
Private Sub Cmd1_Click()
    Tmr1.Enabled=True
End Sub
```

(3) 保存窗体,运行程序,结果如图 9-9 和图 9-10 所示。

### 9.5.2　天狗吃月亮

**例 9-8**　设计一个窗体,利用 Circle 方法画两个圆,其中一个圆被另外一个圆逐渐覆盖,程序运行结果如图 9-12 所示。

操作步骤如下：

(1) 设计窗体及控件属性参照图 9-12。

(2) 打开"代码设计"窗口,输入程序代码。

定义窗体变量如下：

```
Dim wid As Integer
Dim hei As Integer
Dim r As Integer
```

Form_Load()事件代码如下：

```
Private Sub Form_Load()
CmdStart.Caption="开　始"
End Sub
```

Tmr1_Timer()事件代码如下：

```
Private Sub Tmr1_Timer()
    r=r+7
    If r>wid/2-70 Then
        Tmr1.Enabled=False
        CmdStart.Caption="重　画"
    End If
    Picdraw.Circle (wid/3, hei * 3/4), r
End Sub
```

CmdStart_Click()事件代码如下：

```
Private Sub CmdStart_Click()
```

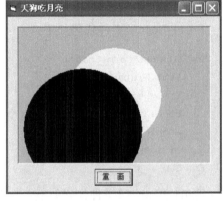

图 9-12　天狗吃月亮

```
    Dim i As Integer
    Picdraw.ScaleMode=3
    Picdraw.DrawWidth=15              '画圆时线的宽度
    wid=Picdraw.ScaleWidth
    hei=Picdraw.ScaleHeight
    Tmr1.Enabled=True
    r=0
    For i=0 To 7
        Picdraw.Circle (wid/2, hei/2), i * 10, RGB(255, 255, 162)
        '7个小圆组成一个大的实心圆
    Next  i
End Sub
```

（3）保存窗体，运行程序，结果如图 9-12 所示。

### 9.5.3 十字彩线

**例 9-9** 设计一个窗体，利用 Line 方法画出十字彩线，程序利用时钟控件控制，所画十字彩线的过程是动态且循环的过程，程序运行结果如图 9-13 所示。

操作步骤如下：

（1）设计窗体及控件属性参照图 9-13。

（2）打开"代码设计"窗口，输入程序代码。

定义窗体变量如下：

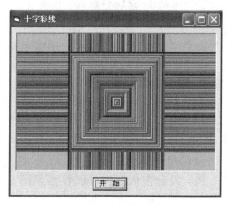

图 9-13　十字彩线

```
Dim wid, hei, step As Integer
```

Form_Load()事件代码如下：

```
Private Sub Form_Load()
    wid=PicDraw.ScaleWidth
    hei=PicDraw.ScaleHeight
    PicDraw.DrawWidth=3
End Sub
```

Tmr1_Timer()事件代码如下：

```
Private Sub Tmr1_Timer()
    color1=RGB(Rnd * 255, Rnd * 255, Rnd * 255)
    wid1=wid/2: hei1=hei/2
    If step * 2<wid Then
        step=step+9
        'step 每次增加的数值应该为奇数，这样 step 将会出现偶数与奇数两种情况
    Else
        '当 step 的值不小于图片框的一半时从中间重新画线 (即 step 归 1)
        step=1
```

```
    End If
    'step 为偶数时由中间向右,向下画线;为奇数时向左向上画线
    If step Mod 2=0 Then
        PicDraw.Line (wid1+step, 0)-(wid1+step, hei), color1
            '由中间向右画垂直直线
        PicDraw.Line (0, hei1+step)-(wid, hei1+step), color1
            '由中间向下画水平直线
    Else
        PicDraw.Line (wid1-step, 0)-(wid1-step, hei), color1
            '由中间向左画垂直直线
        PicDraw.Line (0, hei1-step)-(wid, hei1-step), color1
            '由中间向上画水平直线
    End If
End Sub
```

Cmd1_Click()事件代码如下:

```
Private Sub Cmd1_Click()
    Tmr1.Enabled=True
End Sub
```

(3) 保存窗体,运行程序,结果如图 9-13 所示。

### 9.5.4　函数曲线

**例 9-10**　设计一个窗体,利用 Pset 方法画出函数曲线,程序运行结果如图 9-14 所示,函数式为: $y=6Sin(x)+2Cos(10x)$。

操作步骤如下:

(1) 设计窗体及控件属性参照图 9-15。

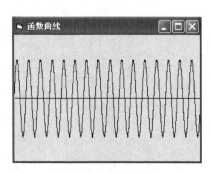

图 9-14　函数曲线

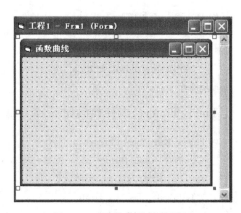

图 9-15　函数曲线窗体设计

(2) 打开"代码设计"窗口,输入程序代码。

定义窗体变量如下:

```
Dim x As Double, y As Double
```

Form_Load()事件代码如下：

```
Private Sub Form_Load()
    Frm1.AutoRedraw=True
    Frm1.Scale (-50, 100)-(50,-100)
    Line (50, 0)-(-50, 0)
    For x=-100 To 100 Step 0.01
        y=60 * Sin(x)+2 * Cos(10 * x)
        PSet (x, y)
    Next x
End Sub
```

（3）保存窗体，运行程序，结果如图 9-15 所示。

## 本章的知识点结构

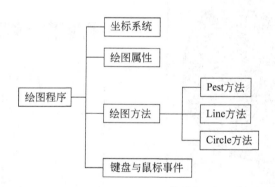

## 习　题

1. 回答下列问题：

（1）绘制的图形在容器中的位置是由什么确定的？

（2）用户自定义坐标系有什么好处？

（3）AutoRedraw 属性对图形显示有什么约束？

（4）绘制的图形的颜色可用什么定义？

（5）键盘事件的返回值是什么含义？

（6）鼠标事件的返回值是什么含义？

2. 编写程序。

（1）设计一个窗体，用画圆的方法绘制图形，程序运行结果如图 9-16 所示。

（2）设计一个窗体，使鼠标有一个"双轨迹"运动，程序运行结果如图 9-17 所示。

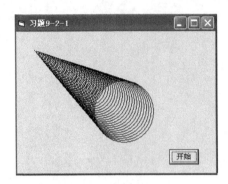

图 9-16　用圆绘制图形

图 9-17　"双轨迹"鼠标运动

（3）设计一个窗体，用画圆的方法绘制图形，程序运行结果如图 9-18 所示。

（4）设计一个窗体，用画点的方法绘制函数曲线，程序运行结果如图 9-19 所示。

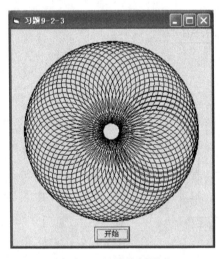

图 9-18　用圆绘制图形

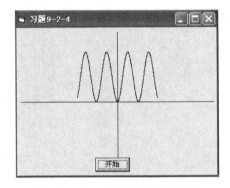

图 9-19　（y＝Sin(x)^2)函数曲线

（5）设计一个窗体，用画点的方法绘制函数曲线，程序运行结果如图 9-20 所示。

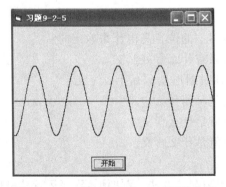

图 9-20　（y＝Sin(x)＋Cos(x))函数曲线

# 第 10 章　ActiveX 控件应用

Visual Basic 的应用程序界面主要由控件构成,其主要控件有 3 种类型:常用的内部控件、ActiveX 控件和可插入对象。本章将介绍几个实用、易学的 ActiveX 控件。

## 10.1　ActiveX 控件概述

ActiveX 控件是对内部控件(工具箱为用户提供的 20 种标准控件)的扩充,它可以支持设计工具条、进度条、选项卡等常用界面,尤其是文件管理、多媒体技术、数据库技术的应用必须依赖 ActiveX 控件才能得以实现。

使用 ActiveX 控件,要先将 ActiveX 控件添加到工具箱,其后与内部控件使用方法一样,同样也要设计控件的属性、事件和方法,但是 ActiveX 控件除在“属性”窗口定义相关的属性外,还要通过 ActiveX 控件“属性页”窗口定义其特有的属性。

将 ActiveX 控件添加到工具箱的操作步骤如下:

(1) 打开“窗体设计器”窗口。

(2) 在“窗体设计器”窗口,依次选择“工程”→“部件”菜单选项,打开“部件”窗口,如图 10-1 所示。

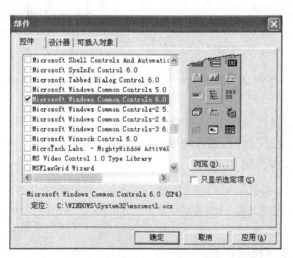

图 10-1　添加 ActiveX 控件窗口

(3) 在"部件"窗口,选择要添加的 ActiveX 控件,单击"确定"按钮,关闭"部件"窗口,被选中的 ActiveX 控件就会出现在工具箱中。

## 10.2 ProgressBar：计时翻译

进度条(ProgressBar)控件通过在进度栏中显示适当数目的矩形来指示"工作"进程,进程完成后,进程栏添满矩形。

ProgressBar 控件不是基本内部控件,它位于 Microsoft Windows Common Controls 6.0 部件之中,工具箱中的按钮为 ▥ 。

进度条常用的属性如下:

(1) Max 属性：用于设置 ProgressBar 控件的上界限。

(2) Min 属性：用于设置 ProgressBar 控件的下界限。

(3) Value 属性：是控件的当前值。

(4) 在"属性页"窗口,可设置 ProgressBar 控件的专门属性,如图 10-2 所示。

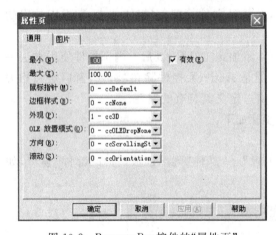

图 10-2　ProgressBar 控件的"属性页"

图 10-3　计时翻译器

**例 10-1** 创建一个窗体,设计一个"计时翻译器",程序运行结果如图 10-3 所示。

操作步骤如下:

(1) 窗体及控件属性参照图 10-3 设计。

(2) 打开"代码设计"窗口,输入程序代码。

Form_Load()事件代码如下:

```
Private Sub Form_Load()
    Txt1.Text="心之所愿,无事不成"
End Sub
```

Cmd1_Click()事件代码如下:

```
Private Sub Cmd1_Click()
    Tmr1.Enabled=True
```

End Sub

Tmr1_Timer()事件代码如下：

```
Private Sub Tmr1_Timer()
    ProBar1.Value=ProBar1.Value+10
    Lbl1.Caption=Str(ProBar1.Value) & "%"
    If ProBar1.Value=100 Then
        Txt2.Text="Nothing is impossible to a willing heart."
    Tmr1.Enabled=False
    End If
End Sub
```

（3）保存窗体，运行程序，结果如图 10-3 所示。

本例题若引入数据库技术，便可以成为一个实用的翻译器。

## 10.3 Slider：滚动字幕

滑块（Slider）控件通过在刻度条中显示适当数目的刻度来指示"工作"进程，或通过人工移动滑块控制进程，滑块移到刻度条最后，标志进程完成。

Slider 控件不是基本内部控件，它位于 Microsoft Windows Common Controls 6.0 部件之中，工具箱中的按钮为 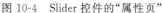 。

滑块常用的属性如下：

（1）Max 属性、Min 属性和 Value 属性与 ProgressBar 控件的相应属性相同。

（2）在"属性页"窗口，可设置 Slider 控件的专门属性，如图 10-4 所示。

图 10-4　Slider 控件的"属性页"

图 10-5　滚动字幕

**例 10-2**　创建一个窗体，设计一个"滚动字幕"，程序运行结果如图 10-5 所示。

操作步骤如下：

（1）窗体及控件属性参照图 10-5 设计。

（2）打开"代码设计"窗口，输入程序代码。

定义窗体变量如下：

```
Dim strtemp As String
```

Form_Load()事件代码如下：

```
Private Sub Form_Load()
    strtemp="不经历风雨怎么能见彩虹,没有人能随随便便成功。"
    Slider1.Max=Len(strtemp)
End Sub
```

Slider1_Scroll()事件代码如下：

```
Private Sub Slider1_Scroll()
    Lbl1.Caption=Mid(strtemp, 1, Slider1.Value)
End Sub
```

Cmd1_Click()事件代码如下：

```
Private Sub Cmd1_Click()
    Tmr1.Enabled=True
End Sub
```

Cmd1_Click()事件代码如下：

```
Private Sub Tmr1_Timer()
    Slider1.Value=Slider1.Value+1
    Lbl1.Caption=Lbl1.Caption & Mid(strtemp, Slider1.Value, 1)
    If Slider1.Value>=Len(strtemp) Then
        Tmr1.Enabled=False
    End If
End Sub
```

（3）保存窗体，运行程序，结果如图10-5所示。

## 10.4  SSTab：多重选项卡

选项卡(SSTab)控件用于设置包含多个选项卡的窗体界面。

SSTab 控件不是基本内部控件，它位于 Microsoft Tabbed dialog Control 6.0 部件之中，工具箱中的按钮为 。

选项卡常用的属性如下：

（1）Style 属性：用于设置选项卡样式。

（2）Tab 属性：用于设置 SSTab 控件的当前选项卡。

（3）Tabs 属性：用于设置 SSTab 控件选项卡数。

（4）TabsPerRow 属性：用于设置每一行上的选项卡数。

（5）在"属性页"窗口，可设置 SSTab 控件的专门属性，如图10-6所示。

图 10-6　SSTab 控件的"属性页"

**例 10-3**　创建一个窗体,求解任意数列的积、和、极值以及任意数的排序问题,程序运行结果如图 10-7 和图 10-8 所示。

图 10-7　输入任意数列

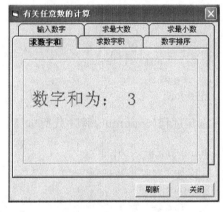

图 10-8　任意数列的和

操作步骤如下:

(1) 窗体及控件属性参照图 10-7 设计。

(2) 打开"代码设计"窗口,输入程序代码。

定义窗体变量如下:

```
Dim n As Integer, i As Integer, j As Integer
Dim b As String, txt() As String
Dim a(), max As Double, min As Double
Dim sum As Double, duc As Double
```

Sub 过程(countmax)程序代码如下:

```
Sub countmax(s())                   '求最大值
    On Error Resume Next
    max=s(1)
```

```
    For i=2 To n
        If max<s(i) Then max=s(i)
    Next i
End Sub
```

Sub 过程(countmin)程序代码如下：

```
Sub countmin(s())                    '求最小值
    On Error Resume Next
    min=s(1)
    For i=2 To n
        If min>s(i) Then min=s(i)
    Next i
End Sub
```

Sub 过程(countsum)程序代码如下：

```
Sub countsum(s())                    '求和
    On Error Resume Next
    sum=0
    For i=1 To n
        sum=s(i)+sum
    Next i
End Sub
```

Sub 过程(countduc)程序代码如下：

```
Sub countduc(s())                    '求积
    On Error Resume Next
    duc=1
    For i=1 To n
        duc=duc * s(i)
    Next i
    aver=aver/n
End Sub
```

Sub 过程(countsort)程序代码如下：

```
Sub countsort(s())                   '排序
    On Error Resume Next
    b=" "
    Dim t As Double
    For i=1 To n
        For j=i+1 To n
            If s(i)<s(j) Then
                t=s(i)
                s(i)=s(j)
                s(j)=t
```

```
            End If
        Next j
        b=b+Str(s(i))+","
    Next i
    b=Mid$(b, 1, Len(b)-1)
End Sub
```

## SSTab1_Click()事件代码如下：

```
Private Sub SSTab1_Click(PreviousTab As Integer)
    Select Case SSTab1.Caption
        Case "求最大数"
            countmax a()
            Lblmax.Caption="最大数为：" & Str(max)
        Case "求最小数"
            countmin a()
            Lblmin.Caption="最小数为：" & Str(min)
        Case "求数字和"
            countsum a()
            Lblsum.Caption="数字和为：" & Str(sum)
        Case "求数字积"
            countduc a()
            Lblduc.Caption="数字积为：" & Str(duc)
        Case "数字排序"
            countsort a()
            Lblsort.Caption=b
    End Select
    Print PreviousTab
End Sub
```

## Cmd1_Click()事件代码如下：

```
Private Sub Cmd1_Click()
    Txt1.Enabled=True
    Txt1=""
    Txt1.SetFocus
    i=0
End Sub
```

## Txt1_KeyPress ()事件代码如下：

```
Private Sub Txt1_KeyPress(KeyAscii As Integer)
    If KeyAscii="13" Then
        Txt1.Enabled=False
        txt=Split(Txt1, ",")
        n=UBound(txt)+1
        ReDim a(1 To n)
```

```
        For i=1 To n
            a(i)=Val(txt(i-1))
        Next i
    End If
End Sub
```

Cmd2_Click()事件代码如下：

```
Private Sub Cmd2_Click()
    Unload Me
End Sub
```

（3）保存窗体，运行程序，结果如图 10-7 所示。

## 10.5　ListView：表视图数据输入输出

列表视图（ListView）控件用来显示一列或多列项目列表，同时也可显示图标和文本项目的列表。ListView 控件比前面介绍的 List 控件要复杂得多，ListView 控件是由ColumnHeader 和 ListItem 对象所组成的，其中 ColumnHeader 对象的个数决定了控件的列数，而 ListItem 对象的个数则决定了控件的行数。

ListView 控件不是基本内部控件，它位于 Microsoft Windows Common Controls 6.0 部件之中，工具箱中的按钮为 。

**1. 列表视图常用的属性**

（1）ColumnHeader 对象的 SubItemIndex 属性：SubItemIndex 属性用于返回与ListView 控件中 ColumnHeader 对象关联的子项目的索引。

子项目是字符串数组，代表显示在报表视图中的 ListItem 对象的数据。

第一列的列标头 SubItemIndex 属性设置为 0，这是因为小图标和 ListItem 对象的文字总出现在第一列中，而且它们被当作 ListItem 对象而不是子项目。

（2）ListItem 对象的 SubItems 属性：SubItems 属性用于返回或设置一个字符串（子项目）数组，它代表 ListView 控件中 ListItem 对象的数据。

ListItem 对象可包含任意多个的关联项目数据字符串（子项目），但每个 ListItem 对象子项目数目必须相同。每个子项目都对应于相关的列标头，无法直接向子项目数组添加元素，只有通过 ColumnHeaders 的 Add 方法添加列标头的方法来添加子项目。

（3）ListView 控件的 View 属性：ListView 控件可使用 4 种不同视图显示项目，这可以用 View 属性来确定。

View 属性用于返回或设置 ListView 控件中 ListItem 对象的外观。

（4）ListView 控件的 SortOrder 属性：SortOrder 属性用于返回或设置一个值，此值决定 ListView 控件中的 ListItem 对象以升序或降序排序。

（5）ListView 控件的 SortKey 属性：SortKey 属性用于返回或设置一个值，此值决定ListView 控件中的 ListItem 对象如何排序。

（6）ListView 控件的 Sorted 属性：Sorted 属性用于返回或设置确定 ListView 控件中的 ListItem 对象是否排序的值。

（7）在"属性页"窗口，可设置 ListView 控件的专门属性，如图 10-9 所示。

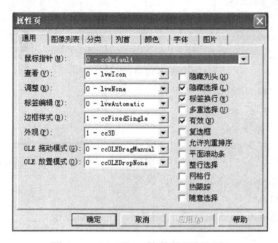

图 10-9　ListView 控件的"属性页"

### 2. 列表视图常用的方法

（1）ColumnHeader 对象的 Add 方法

ColumnHeader 对象的 Add 方法的格式：

```
ListView1.ColumnHeader.Add ([index],[key],[text],[width],[alignment])
```

功能：为 ListItem 对象多个的关联项目添加列标头。

ListItem 对象可包含任意多个的关联项目数据字符串（子项目），但每个 ListItem 对象子项目数目必须相同。每个子项目都对应于相关的列标头，无法直接向子项目数组添加元素，只有通过 ColumnHeaders 的 Add 方法添加列标头的方法来添加子项目。

（2）ListItem 对象的 Add 方法

ListItem 对象的 Add 方法的格式：

```
ListItem1.Add([index],[key],[text],[icon],[smallIcon])
```

功能：添加 ListItem 对象到 ListView 控件的 ListItems 集合中，并返回对新创建对象的引用。

（3）ListItem 对象的 Remove 方法

ListItem 对象的 Remove 方法的格式：

```
Remove (Index)
```

功能：删除 ListView 控件中的子项目。

**例 10-4**　创建一个窗体，以列表的形式输入数据，程序运行结果如图 10-10 所示。

操作步骤如下：

（1）窗体及控件属性参照图 10-9 设计。

(2) 打开"代码设计"窗口,输入程序代码。

Form_Load()事件代码如下:

图 10-10　利用 ListView 控件输入数据

```
Private Sub Form_Load()
    Dim itemx As ListItem
    Lvw1.View=lvwReport
    Lvw1.LabelEdit=lvwManual
                            '使记录不可更改
    Lvw1.ColumnHeaders.Clear
    Lvw1.ListItems.Clear
    '为 ListVie 添加列表头
    Lvw1.ColumnHeaders.Add 1, "","编号",
    Lvw1.Width/3                '每一列的宽度
    Lvw1.ColumnHeaders.Add 2, "","姓名",
    Lvw1.Width/3
    Lvw1.ColumnHeaders.Add 3, "","性别", Lvw1.Width/4
End Sub
```

CmdAdd_Click()事件代码如下:

```
Private Sub CmdAdd_Click()
    If Txtnum.Text="" Then Exit Sub            '不输入学号则不添加
    Set itemx=Lvw1.ListItems.Add(,, Txtnum.Text)
    itemx.SubItems(1)=Txtname.Text
    itemx.SubItems(2)=Txtsex.Text
    Txtnum.Text=""
    Txtname.Text=" "
    Txtsex.Text="   "
    Txtnum.SetFocus
End Sub
```

CmdDel_Click()事件代码如下:

```
Private Sub CmdDel_Click()
    If Lvw1.ListItems.Count<1 Then Exit Sub
    '当没有可删除的记录时退出此过程
    Lvw1.ListItems.Remove (Lvw1.SelectedItem.Index)
End Sub
```

(3) 保存窗体,运行程序,结果如图 10-10 所示。

## 10.6　TreeView:树结构数据输入输出

"树"视图(TreeView)控件用于创建具有结点层次风格的程序界面。

在这个控件中,每个结点还可以包含若干个子结点,每个结点具有展开或折叠两种风格。

TreeView 控件不是基本内部控件,它位于 Microsoft Windows Common Controls 6.0 部件之中,工具箱中的按钮为 。

"树"视图常用的属性如下:

(1) Expanded 属性

Expanded 属性用于设置结点是否被展开。

其中,Expanded 属性值为 True 表示将结点展开,否则表示将结点折叠。

(2) 在"属性页"窗口,设置 TreeView 控件的专门属性,如图 10-11 所示。

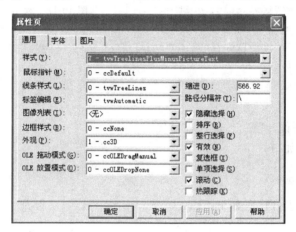

图 10-11　TreeView 控件的"属性页"

列表视图常用的方法如下:

(1) Add 方法

Add 方法的格式如下:

```
Add([Relative],[Relationship],[Key],[Text [Image]]) As Node
```

功能:在任意单击的 Node 对象下建立一个分结点。

(2) Remove 方法

Remove 方法的格式如下:

```
Remove index
```

功能:删除单击的 Node 对象分结点。

(3) SelectedItem 方法

SelectedItem 方法的格式如下:

```
SelectedItem.index
```

功能:取得单击的 Node 对象的索引号。

**例 10-5**　创建一个窗体,以"树"视图风格浏览数据,程序运行结果如图 10-12 所示。

操作步骤如下:

（1）窗体及控件属性参照图10-12设计。

（2）打开"代码设计"窗口，建立一个 Function 过程。

Function 过程程序代码如下：

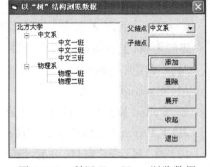

图 10-12　利用 TreeView 浏览数据

```
Private Function Exist (node As String)
As Boolean
    '判断输入结点是否存在
    For i=1 To TreeView1.Nodes.Count
        If TreeView1.SelectedItem.
        Children>0 Then
            If node=TreeView1.Nodes(i).Text Then Exist=True
        End If
    Next i
End Function
```

（3）打开"代码设计"窗口，输入程序代码。

定义窗体变量如下：

```
Dim nodex As node
```

Form_Load()事件代码如下：

```
Private Sub Form_Load()                        '添加已知结点
    Cbo1.AddItem "北方大学"
    Cbo1.AddItem "中文系"
    Cbo1.AddItem "物理系"
    Set nodex=TreeView1.Nodes.Add(,, "北方大学", "北方大学")
    Set nodex=TreeView1.Nodes.Add("北方大学", tvwChild, "中文系", "中文系")
    Set nodex=TreeView1.Nodes.Add("北方大学", tvwChild, "物理系", "物理系")
    Set nodex=TreeView1.Nodes.Add("中文系", tvwChild, "中文一班", "中文一班")
    Set nodex=TreeView1.Nodes.Add("中文系", tvwChild, "中文二班", "中文二班")
    Set nodex=TreeView1.Nodes.Add("物理系", tvwChild, "物理一班", "物理一班")
    Set nodex=TreeView1.Nodes.Add("物理系", tvwChild, "物理二班", "物理二班")
    Call CmdExtr_Click
End Sub
```

CmdAdd_Click()事件代码如下：

```
Private Sub CmdAdd_Click()                     '添加新结点
    Dim child As String                        '存放子结点名
    Dim father As String                       '存放父结点名
    If Cbo1.Text="" Then Exit Sub
        father=Cbo1.Text
        If Exist(Txt2.Text)=True Then
        MsgBox "您输入的班级已经存在,请重新输入!!!", vbOKOnly, "提示"
```

```
    Else
        child=Txt2.Text
        Set nodex=TreeView1.Nodes.Add(father, tvwChild, child, child)
    End If
    Txt2.Text=""
End Sub
```

CmdExtr_Click()事件代码如下：

```
Private Sub CmdExtr_Click()
    For i=1 To TreeView1.Nodes.Count
        TreeView1.Nodes(i).Expanded=True         '将所有结点展开
    Next i
End Sub
```

CmdPac_Click()事件代码如下：

```
Private Sub CmdPac_Click()
    For i=1 To TreeView1.Nodes.Count
        TreeView1.Nodes(i).Expanded=False        '将所有结点收起
    Next i
End Sub
```

CmdRem_Click()事件代码如下：

```
Private Sub CmdRem_Click()
    If TreeView1.SelectedItem.Index <>1 Then
        TreeView1.Nodes.Remove TreeView1.SelectedItem.Index
        '删除选定的结点
    End If
End Sub
```

Cmdquit_Click()事件代码如下：

```
Private Sub Cmdquit_Click()
    Unload Me
End Sub
```

（4）保存窗体，运行程序，结果如图 10-12 所示。

## 10.7  PictureClip：图片裁剪

图片修剪（PictureClip）控件实现设置允许选择图像的区域，然后在窗体或图片框中显示选定区域的图像的操作。PictureClip 控件运行时不可见，可以用 Picture 属性将位图（.bmp）文件加载到 PictureClip 控件中。

PictureClip 控件不是基本内部控件，它位于 Microsoft PictureClip Control 6.0 部件

之中,工具箱中的按钮为▦。

图片修剪常用的属性如下:

(1) ClipX 与 ClipY 属性:ClipX 与 ClipY 属性用于设置选择图像的区域的左上角坐标。

(2) ClipHeight 与 ClipWidth 属性:ClipHeight 与 ClipWidth 属性用于设置选择图像的区域范围。

(3) 在"属性页"窗口,设置 PictureClip 控件的专门属性,如图 10-13 所示。

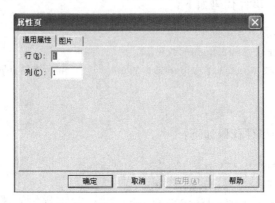

图 10-13 PictureClip 控件的"属性页"

**例 10-6** 创建一个窗体,实现图片裁剪功能,程序运行结果如图 10-14 所示。

图 10-14 裁剪图片窗体

操作步骤如下:

(1) 窗体及控件属性参照图 10-15 设计。

(2) 打开"代码设计"窗口,输入程序代码。

定义窗体变量如下:

```
Public xx As Single, yy As Single
```

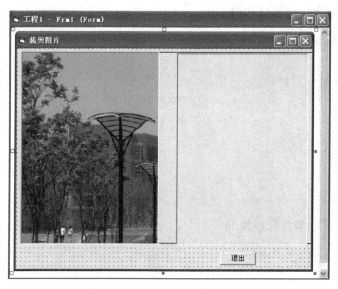

图 10-15　裁剪图片窗体的设计

```
Public xxx As Single, yyy As Single
Public color1 As Long, thiscolor As Long
```

## Form_Load()事件代码如下：

```
Private Sub Form_Load()
    PictureClip1.Picture=Pic1.Picture
    color1=Me.BackColor
    thiscolor=vbRed
    Pic1.DrawMode=6
    Pic1.ScaleMode=3
    Pic2.ScaleMode=3
    PictureClip1.ClipWidth=Pic1.Width /Screen.TwipsPerPixelX
    PictureClip1.ClipHeight=Pic1.Height /Screen.TwipsPerPixelY
End Sub
```

## Pic1_MouseDown()事件代码如下：

```
Private Sub Pic1_MouseDown(Button As Integer, Shift As Integer, X As Single, Y As
Single)
    If Button=1 Then
        xx=X
        yy=Y
        xxx=X
        yyy=Y
    End If
End Sub
```

Pic1_MouseMove()事件代码如下:

```
Private Sub Pic1_MouseMove(Button As Integer, Shift As Integer, X As Single, Y As
Single)
    If Button=1 Then
    Pic1.Line (xx, yy)-(xxx, yyy), thiscolor, B
    Pic1.Line (xx, yy)-(X, Y), thiscolor, B
    xxx=X
    yyy=Y
    End If
End Sub
```

Pic1_MouseUp 事件代码如下:

```
Private Sub Pic1_MouseUp(Button As Integer, Shift As Integer, X As Single, Y As
Single)
    If Button=1 Then
        Pic1.Line (xx, yy)-(X, Y), thiscolor, B
        PictureClip1.ClipX=IIf(xx<X, xx, X)
        PictureClip1.ClipY=IIf(yy<Y, yy, Y)
        PictureClip1.ClipWidth=Abs(X-xx)
        PictureClip1.ClipHeight=Abs(Y-yy)
        Pic2.Picture=PictureClip1.Clip
        PictureClip1.ClipWidth=Pic1.Width/Screen.TwipsPerPixelX
        PictureClip1.ClipHeight=Pic1.Height/Screen.TwipsPerPixelY
        PictureClip1.ClipX=0
        PictureClip1.ClipY=0
    End If
End Sub
```

(3) 保存窗体,运行程序,结果如图 10-14 所示。

## 本章的知识点结构

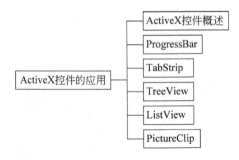

# 习 题

1. 回答下列问题：

（1）Visual Basic 的主要控件类型包括哪些？

（2）ActiveX 控件与内部控件在使用上有什么不同？

（3）进度条与滑块有什么区别？

（4）设计窗体时使用选项卡控件有什么好处？

（5）列表视图控件与列表框控件有什么相同之处？

（6）"树"视图有什么用途？

（7）图片修剪控件与图片框控件有什么异同？

（8）使用 ActiveX 控件设计窗体的前提是什么？

2. 编写程序。

（1）设计一个窗体，利用滑块控件控制小球变化的速度，程序运行结果如图 10-16 所示。

（2）设计一个窗体，利用选项卡控件画出多个函数曲线图，程序运行结果如图 10-17 所示。

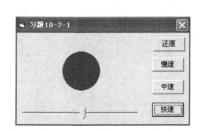

图 10-16 变化的小球

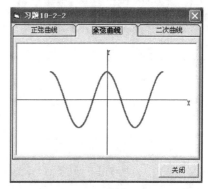

图 10-17 函数曲线图

（3）设计一个窗体，利用列表视图和"树"视图进行数据浏览，程序运行结果如图 10-18 所示。

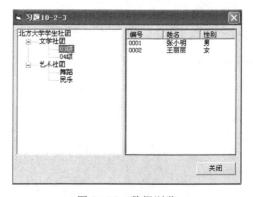

图 10-18 数据浏览

（4）设计一个窗体，利用图片修剪控件使图片滚动，程序运行结果如图 10-19 所示。

（5）设计一个窗体，利用图片修剪控件推动图片，程序运行结果如图 10-20 所示。

图 10-19　图片滚动　　　　　　　　　　图 10-20　推动图片

# 第11章 文件管理

数据处理是应用程序设计的常见的内容。一般的应用程序,在处理少量数据时,通常将数据通过变量标识存放在内存中,这种处理方法,一旦结束程序的运行,数据也将从内存中释放。若想实现大批量数据"永久"性的保存,就必须将数据保存到外部介质上,以文件的形式写入磁盘。

文件是长期存储数据的重要手段,在 Visual Basic 系统中,存放数据的文件有数据文件和数据库文件两种。本章将介绍有关数据文件操作的语句,以及文件管理控件的使用。

## 11.1 数 据 文 件

数据文件是存储在外部介质上的相关信息的集合,其文件的扩展名为 TXT。

### 1. 数据文件的操作

在 Visual Basic 系统中,对磁盘中的文件有打开、读取、写入、关闭等操作,对文件进行访问操作,其一般流程如图 11-1 所示。

打开(建立)文件 → 访问文件 → 关闭文件

图 11-1　文件操作一般流程

其中:

(1) 打开(建立)文件操作是为文件准备一个读写时使用的缓冲区,并声明文件的打开方式,确定"文件号"。这样,在后续的程序中,对打开(建立)文件进行访问操作时,不需要再指定文件名,而是通过"文件号"对打开(建立)文件进行操作。

根据文件打开(建立)方式的不同,将文件分为"顺序文件"、"随机文件"、"二进制文件"。

(2) 文件的读取操作是把外部介质上文件中的数据传输到内存中。

(3) 文件的写入操作是把内存中的数据传输到外部介质上,写入到打开(建立)文件中。

(4) 关闭文件操作是将文件缓冲区中的所有数据写入文件中,并释放与该文件相关的"文件号"。

### 2. 数据文件结构

在这里所说的数据文件结构是指文件存储的逻辑结构。文件结构是由用户自己定义的。通常数据文件是由若干记录组成的,而记录又是由若干变量组成的,某一指定的记录的指定变量对应一个具体的数据。

## 11.2 顺 序 文 件

顺序文件(sequential file)是普通的文本文件。

顺序文件以"换行"符为分隔符号,一行一条记录,每个记录可长可短。顺序文件中的记录按写入的先后顺序依次排列,读写文件记录时,或存取文件记录时,都必须按记录顺序逐个进行操作。若要查找或修改顺序文件中的一个记录,就必须从第一个记录开始,依次读取,直到找到要查找或修改的记录方可操作。它不能灵活地随机查找或修改记录。但顺序文件结构简单,易于操作,适用于有规律、不经常修改的数据。

下面介绍有关顺序文件的操作命令。

**1. 打开顺序文件**

语句格式如下:

```
Open <文件名>For [Input | Output | Append]
        As <文件号>[Len=<记录长度>]
```

功能:为文件的输入输出分配缓冲区,并确定文件的存取方式、文件号及记录长度。

注意事项:

(1) For [Input | Output | Append]是文件的3种存取方式。其中:

Input  读文件。

Output  写文件。

Append  以追加方式写文件。

(2) <文件号>是一个整数表达式,取值范围为1~511。

(3) <记录长度>是小于或等于32 767的整数,确定其数据缓冲区的大小。

**2. 关闭顺序文件**

语句格式如下:

```
Close [[#]<文件号>] [,[#]<文件号>]……
```

功能:结束对顺序文件的操作,把文件缓冲区中的所有数据写入文件中,并释放与该文件相关的"文件号"。

注意事项:

(1) <文件号>是可选项,若省略此项,则把所有打开的数据文件全关闭,否则只关闭指定的文件。

(2) 如果程序中没有 Close 语句,在程序结束时,系统将自动关闭所有打开的数据文件。

**3. 将数据写入文件**

语句格式如下:

```
Print #文件号,[<表达式列表>]
```

功能：将数据写入到指定的顺序文件中。

**4. 读文件数据**

语句格式如下：

```
Input #<文件号>,[<表达式列表>]
```

功能：从指定的顺序文件中读数据。

**例 11-1** 创建一个窗体，完成顺序文件数据的输入输出功能，程序运行结果如图 11-2 所示。

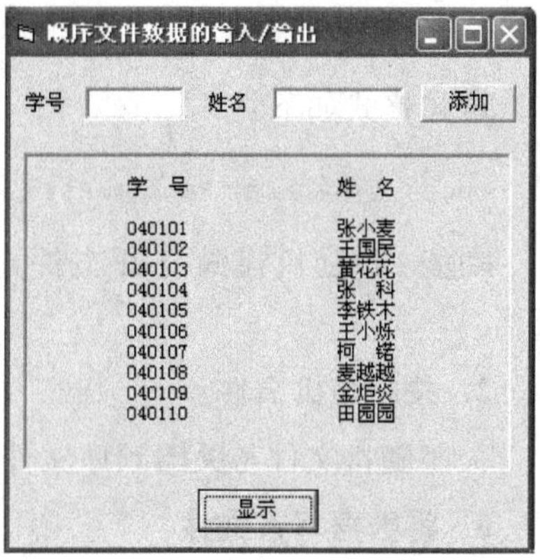

操作步骤如下：

(1) 窗体及控件属性参照图 11-2 设计。

(2) 打开"代码设计"窗口，输入程序代码。

Form_Load()事件代码如下：

```
Private Sub Form_Load()
    Pic1.AutoRedraw=True
End Sub
```

Cmd1_Click()事件代码如下：

```
Private Sub Cmd1_Click()              '输入数据
    Open App.Path & "\student.txt" For Append As #1
        '向文件尾追加数据
    Print #1, Space(10) & Txt1.Text & Space(15) & Txt2.Text
    Close #1
    Txt1.Text=""
    Txt2.Text=""
    Txt1.SetFocus
End Sub
```

图 11-2 顺序文件数据的输入输出

Cmd2_Click()事件代码如下：

```
Private Sub Cmd2_Click()                    '输出数据
    Dim InputData As String
    Pic1.Cls
    Pic1.Print
    Pic1.Print Space(10) & "学  号" & Space(15) & "姓  名"
    Open App.Path & "\student.txt" For Input As #1
    Do While Not EOF(1)
    Line Input #1, InputData
    Pic1.Print InputData
    Loop
    Close #1
End Sub
```

(3) 保存窗体,运行程序,结果如图 11-2 所示。

## 11.3　随　机　文　件

随机文件(random access file)是可以按任意顺序读写的文件。

随机文件每个记录的长度必须相同,每个记录都有其唯一的记录号。随机文件数据读取是依靠记录号进行操作。

**1. 打开随机文件**

语句格式如下:

Open<文件名>For Random As#<文件号>[Len=<记录长度>]

功能:以随机模式打开文件,为文件的输入输出分配缓冲区,确定文件号及记录长度。

**2. 关闭随机文件**

关闭随机文件与关闭顺序文件语句相同。

**3. 将数据写入文件**

语句格式如下:

Put[#]<文件号>,[<记录号>],<变量名>

功能:将数据写入到指定的随机文件中。

**4. 读文件数据**

语句格式如下:

Get　[#]<文件号>,[<记录号>],<变量名>

功能:从指定的随机文件中读数据。

**例 11-2**　创建一个窗体,完成随机文件数据的输入输出功能,程序运行结果如图 11-3 所示。

操作步骤如下:

(1) 窗体及控件属性参照图 11-3 设计。

(2) 打开"代码设计"窗口,建立一个标准模块,定义一个自定义变量。

标准模块程序代码如下:

```
Type student              '定义数据文件的记录结构
    Number As String * 6
    strName As String * 6
End Type
```

(3) 打开"代码设计"窗口,输入程序代码。

图 11-3　随机文件数据的输入输出

定义窗体变量代码如下：

```
Dim stu As student
Dim Record As Integer
```

## Form_Load()事件代码如下：

```
Private Sub Form_Activate()
    Txt1.SetFocus
    Pic1.AutoRedraw=True
End Sub
```

## Cmd1_Click()事件代码如下：

```
Private Sub Cmd1_Click()                        '输入数据
    If Txt1.Text <>"" And Txt2.Text <>"" Then
        With stu
            .Number=Txt1.Text
            .strName=Txt2.Text
        End With
        Open App.Path & "\student1.dat" For Random As #1 Len=Len(stu)
        Record=LOF(1)/Len(stu)+1
        Put #1, Record, stu
        Close #1
        Txt1.Text=""
        Txt2.Text=""
        Txt1.SetFocus
    End If
End Sub
```

## Cmd2_Click()事件代码如下：

```
Private Sub Cmd2_Click()                        '输出数据
    Dim i As Integer
    Dim stu As student
    Pic1.Cls
    Pic1.Print
    Frm1.Show
    Open App.Path & "\student1.dat" For Random As #1 Len=Len(stu)
    Pic1.Print "        学  号  "; "        姓  名"
    Pic1.Print
    Do While Not EOF(1)
        Get #1,, stu
        Pic1.Print "        "; stu.Number; String(11, " "); Replace(stu.strName,
        Chr(0), "")
    Loop
    Close #1
```

```
End Sub
```

(4) 保存窗体,运行程序,结果如图 11-3 所示。

## 11.4 文件的操作

无论是随机文件还是顺序文件,它们一旦建立,就可以通过下面介绍的语句和函数对其进行操作。

## 11.5 文件管理控件

ActiveX 控件(通用对话框、驱动器列表框、目录列表框、文件列表框),让用户借助于对话框,实现对文件的打开与关闭的操作。

### 11.5.1 通用对话框

通用对话框(CommonDialog)控件用于打开系统已有的"通用"对话框。

CommonDialog 控件不是基本内部控件,它位于 Microsoft Common Dialog Controls 6.0 部件之中,工具箱中的按钮为◙。

**1. 通用对话框常用的属性**

(1) DialogTiltle 属性:用于设置通用对话框的标题。

(2) FileName 属性:用于获得包括路径在内的文件名。

(3) InitDir 属性:用于设置初始化路径。

(4) Filter 属性:用于设置文件的类型过滤器。

(5) FilterIndex 属性:用于设置在文件类型列表框中显示第几组类型的文件。

**2. 通用对话框常用的方法**

(1) ShowOpen 方法:用于打开"文件打开"对话框。

(2) ShowSave 方法:用于打开"另存为"对话框。

(3) ShowColor 方法:用于打开"颜色"对话框。

(4) ShowFont 方法:用于打开"字体"对话框。

(5) ShowPrinter 方法:用于打开"打印机"对话框。

(6) ShowHelp 方法:用于打开"帮助"对话框。

### 11.5.2 文件管理控件

驱动器列表框(DriveList)控件用于显示当前驱动器名称,下拉对应的组合框可显示出当前系统拥有的所有磁盘驱动器。

DriveList 控件是基本内部控件,工具箱中的按钮为▣。

**1. 驱动器列表框的 Drive 属性**

Drive 属性用于设置或返回当前驱动器名,必须通过程序代码设计其属性值。

语句格式如下:

`<对象>.Drive [=<字符串表达式>]`

**2. 驱动器列表框的 Change 事件**

Change 事件是在程序运行时,当选择一个新的驱动器,或通过代码改变 Drive 属性的设置触发的事件。驱动器列表框示例如图 11-4 所示。

图 11-4 驱动器列表框示例　　　　图 11-5 目录列表框示例

## 11.5.3 目录列表框

目录列表框(DirListBox)控件用来显示当前驱动器目录的层次结构,供用户选择其中一个目录为当前目录。DirListBox 控件是基本内部控件,工具箱中的按钮为 。

**1. 目录列表框常用的属性**

(1) Path 属性:用于返回或设置当前路径,必须通过程序代码设计其属性值。

语句格式如下:

`<对象>.Path [=<字符串表达式>]`

(2) List、ListCount 和 ListIndex 等属性,与列表框控件相同,ListIndex 等于-1 的项目为当前目录,ListIndex 等于-2 的项目为当前目录的上一级目录,依此类推。

**2. 目录列表框的 Change 事件**

Change 事件是在程序运行时,当选择一个新的目录,或通过代码改变 Path 属性的设置时触发的事件。目录列表框示例如图 11-5 所示。

## 11.5.4 文件列表框

文件列表框(FileList)控件用来显示当前目录中,指定文件类型的文件列表。FileList 控件是基本内部控件,工具箱中的按钮为 。

**1. 文件列表框常用的属性**

(1) Path 属性:用于返回或设置文件列表框当前目录。

(2) Filename 属性:用于返回或设置被选定文件的文件名,该属性不包括路径名。

(3) Pattern 属性:用于返回或设置文件列表框所显示的文件类型,默认时表示所有文件。

语句格式如下：

<对象>. Pattern[=<字符串表达式>]

其中，<字符串表达式>可以使用通配符("*"和"?")。

（4）Archive 属性：用于设置是否只显示文档文件。

（5）Normal 属性：用于设置是否只显示标准文件。

（6）Hidden 属性：用于设置是否只显示隐含文件。

（7）System 属性：用于设置是否只显示系统文件。

（8）ReadOnly 属性：用于设置是否只显示只读文件。

（9）List，ListCount，ListIndex 和 MultiSelect 等属性，与列表框控件的相应属性相同。

**2. 文件列表框常用的事件**

（1）PathChange 事件：是 FileName 属性指定的文件的 Path 属性改变时触发的事件。

（2）PatternChange 事件：是 FileName 属性指定的文件的 Pattern 属性改变时触发的事件。

（3）Click 事件和 DblClick 事件：Click 事件和 DblClick 事件是单击或双击文件名时触发的事件。

文件列表框示例如图 11-6 所示。

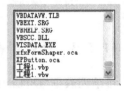

图 11-6 目录列表框示例

## 11.6 文件控件应用实例

下面通过几个实例程序，进一步理解数据文件的有关操作与管理。

### 11.6.1 文档编辑器

**例 11-3** 创建一个窗体，调用多个通用对话框，程序运行结果如图 11-7 所示。
操作步骤如下：
（1）窗体及控件属性参照图 11-7 设计。
（2）打开"代码设计"窗口，输入程序代码。
定义窗体变量如下：

```
Dim sCopy As String, sInit As String
```

Form_Load()事件代码如下：

```
Private Sub Form_Load()                        '窗体初始化
    Txt1.Text="    "
    Txt1.SelStart=Len(Txt1.Text)
    sInit=Txt1.Text
```

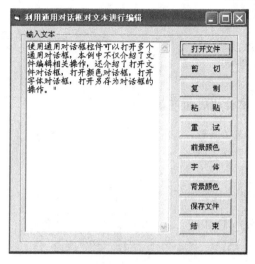

图 11-7　顺序文件数据的输入输出

```
End Sub
```

CmdOpen_Click()事件代码如下：

```
'打开文件
Private Sub CmdOpen_Click()
    Dim StrName As String
    Dim StrText As String
    Dim FileHandle%
    Dlg1.Filter="All Files(*.txt)|*.txt"
    Dlg1.ShowOpen
    If Dlg1.FileName <>"" Then
        StrName=Dlg1.FileName
        FileHandle=FreeFile
        Open StrName For Input As #FileHandle
        Do While Not EOF(FileHandle)
            Line Input #FileHandle, strbuffer
            StrText=StrText & strbuffer & vbCrLf
        Loop
        Close #FileHandle
        Txt1.Text=StrText
    End If
End Sub
```

CmdCut_Click()事件代码如下：

```
Private Sub CmdCut_Click()                      '剪切
    sCopy=Txt1.SelText
    Txt1.SelText=""
End Sub
```

CmdCopy_Click()事件代码如下:

```
Private Sub CmdCopy_Click()                        '复制
    sCopy=Txt1.SelText
End Sub
```

CmdPaste_Click()事件代码如下:

```
Private Sub CmdPaste_Click()                       '粘贴
    Txt1.SelText=sCopy
End Sub
```

CmdRedo_Click()事件代码如下:

```
Private Sub CmdRedo_Click()                        '重试
    If Txt1.Text <>sInit Then Txt1.Text=sInit
End Sub
```

CmdForcolor_Click()事件代码如下:

```
Private Sub CmdForcolor_Click()                    '前景颜色
    Dlg1.Flags=cdlCCRGBInit
    Dlg1.ShowColor
    Txt1.ForeColor=Dlg1.Color
End Sub
```

CmdFont_Click()事件代码如下:

```
Private Sub CmdFont_Click()                        '字体
    Dlg1.Flags=1
    Dlg1.ShowFont
    If Dlg1.FontName="" Then Dlg1.FontName="宋体"
    Txt1.FontName=Dlg1.FontName
    Txt1.FontSize=Dlg1.FontSize
    Txt1.FontBold=Dlg1.FontBold
    Txt1.FontItalic=Dlg1.FontItalic
    Txt1.FontUnderline=Dlg1.FontUnderline
    Txt1.FontStrikethru=Dlg1.FontStrikethru
End Sub
```

CmdBgcolor_Click()事件代码如下:

```
Private Sub CmdBgcolor_Click()                     '背景颜色
    Dlg1.Flags=cdlCCRGBInit
    Dlg1.ShowColor
    Txt1.BackColor=Dlg1.Color
End Sub
```

CmdSave_Click()事件代码如下:

```
Private Sub CmdSave_Click()                        '保存文件
```

```
    Dim StrName As String
    Dim StrText As String
    Dim FileHandle
    Dlg1.Filter="All Files(＊.txt)|＊.txt"
    Dlg1.ShowSave
    If Dlg1.FileName<>"" Then
        StrName=Dlg1.FileName
        StrText=Txt1.Text & vbCrLf
        FileHandle=FreeFile
        Open StrName For Output As #FileHandle
        Print #FileHandle, StrText
        Close #FileHandle
    End If
End Sub
```

CmdEnd_Click()事件代码如下：

```
Private Sub CmdEnd_Click()                          '结束程序的运行
    End
End Sub
```

（3）保存窗体，运行程序，结果如图 11-7 所示。

## 11.6.2　文件查询器

驱动器列表框、目录列表框和文件列表框 3 个文件管理控件通常是联合使用的，也就是 3 个控件同步显示，要做到这一点，可通过程序代码实现。

**例 11-4**　创建一个窗体，利用驱动器列表框、目录列表框和文件列表框控件查找文件，程序运行结果如图 11-8 所示。

操作步骤如下：

（1）窗体及控件属性参照图 11-8 设计。

（2）打开"代码设计"窗口，输入程序代码。

Drv1_Change()事件代码如下：

```
Private Sub Drv1_Change()
    Dir1.Path=Drv1.Drive
End Sub
```

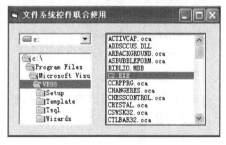

图 11-8　文件系统控件联合使用

Dir1_Change()事件代码如下：

```
Private Sub Dir1_Change()
    Fil1.Path=Dir1.Path
End Sub
```

（3）保存窗体，运行程序，结果如图 11-8 所示。

### 11.6.3 学生成绩管理

**例 11-5** 创建一个窗体,建立一个随机文件,存放学生的成绩,并计算每位学生的平均成绩、名次以及各科的平均分、最高分,程序运行结果如图 11-9 所示。

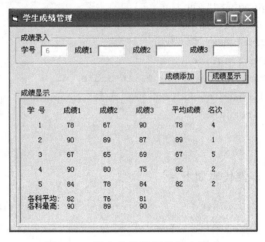

图 11-9 顺序文件数据的输入输出

操作步骤如下:

(1) 窗体及控件属性参照图 11-9 设计。

(2) 打开"代码设计"窗口,建立一个标准模块。

标准模块程序代码如下:

```
Type StuType
    No As Integer
    Score1 As Integer
    Score2 As Integer
    Score3 As Integer
End Type
```

(3) 打开"代码设计"窗口,输入程序代码。

定义窗体变量如下:

```
Dim Student As StuType
Dim Record As Integer
```

Form_Load()事件代码如下:

```
Private Sub Form_Load()
    Dim TmpRec
    Open App.Path & "\student.dat" For Random As #1 Len=Len(Student)
    TmpRec=LOF(1)/Len(Student)+1
    Txt1.Text=Str(TmpRec)                          '产生新的学号
```

```
        Close #1
End Sub
```

Cmd1_Click()事件代码如下：

```
Private Sub Cmd1_Click()
    Static num As Integer
    With Student
        .No=Txt1.Text
        .Score1=Val(Txt2.Text)
        .Score2=Val(Txt3.Text)
        .Score3=Val(Txt4.Text)
    End With
    Open App.Path & "\student.dat" For Random As #1 Len=Len(Student)
    Record=LOF(1)/Len(Student)+1
    Put #1, Record, Student
    Close #1
    Txt1.Text=Record+1                          '学号自增1
    Txt2.Text=""
    Txt3.Text=""
    Txt4.Text=""
    Txt2.SetFocus
End Sub
```

Cmd2_Click()事件代码如下：

```
Private Sub Cmd2_Click()
    Dim i As Integer
    Dim aver1() As Single                   '三科平均
    Dim aver2(3) As Single                  '各科平均
    Dim MingCi() As Integer                 '名次
    Dim total(3) As Single
    Dim max(3) As Single
    Dim temp As Single
    Dim length As Integer
    Open App.Path & "\student.dat" For Random As #1 Len=Len(Student)
    length=LOF(1)/Len(Student)
    Pic1.Cls
    Pic1.Print
    Pic1.Print Tab(3); "学 号"; Tab(13); "成绩1"; Tab(23); "成绩2"; Tab(33); "成绩
3"; Tab(43); "平均成绩"; Tab(53); "名次"
    Pic1.Print
    If length<1 Then
        Close #1
        Exit Sub                            '如果没有学生记录则退出
```

```
        End If
        For i=1 To length
            ReDim Preserve aver1(i)
            Get #1, i, Student
            aver1(i)=(Student.Score1+Student.Score2+Student.Score3)/3
            total(1)=total(1)+Student.Score1
            total(2)=total(2)+Student.Score2
            total(3)=total(3)+Student.Score3
            If max(1)<Student.Score1 Then max(1)=Student.Score1
            If max(2)<Student.Score2 Then max(2)=Student.Score2
            If max(3)<Student.Score3 Then max(3)=Student.Score3
        Next  i
        ReDim MingCi(length) As Integer
        For i=1 To length
        MingCi(i)=1
        For j=1 To length
            If Int(aver1(j))>Int(aver1(i)+0.5) Then MingCi(i)=MingCi(i)+1
        Next j
        Next i
        For i=1 To length
            Get #1, i, Student
            aver1(i)=Round((Student.Score1+Student.Score2+Student.Score3)/3)
            '平均成绩四舍五入
            Pic1.Print Tab(5); Student.No; Tab(13); Student.Score1; Tab(23);
            Student.Score2; Tab(33); Student.Score3; Tab(43); aver1(i); Tab(53);
            MingCi(i)
            Pic1.Print
        Next i
        aver2(1)=total(1)/length
        aver2(2)=total(2)/length
        aver2(3)=total(3)/length
        Pic1.Print Tab(3); "各科平均:"; Tab(13); Round(aver2(1)); Tab(23); Round
        (aver2(2)); Tab(33); Round(aver2(3))          '平均成绩四舍五入
        Pic1.Print Tab(3); "各科最高:"; Tab(13); Round(max(1)); Tab(23); Round(max
        (2)); Tab(33); Round(max(3))
        Close #1
    End Sub
```

(4) 保存窗体,运行程序,结果如图 11-9 所示。

## 11.6.4　图片浏览器

**例 11-6**　创建两个窗体,完成顺序文件数据的输入输出功能,程序运行结果如图 11-10
和图 11-11 所示。

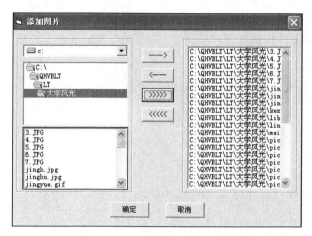

图 11-10 添加图片

图 11-11 浏览图片

操作步骤如下：

（1）添加图片窗体及控件属性参照图 11-10 设计。

（2）浏览图片窗体及控件属性参照图 11-11 设计。

（3）选定"浏览图片"窗体，打开"代码设计"窗口，输入程序代码。

定义窗体变量如下：

```
Dim Huan As Boolean                              '是否幻灯放映
Dim wid As Long, hei As Long
```

Form_Load()事件代码如下：

```
Private Sub Form_Load()
    Img1.Stretch=True
```

```
End Sub
```

Cmd1_Click()事件代码如下：

```
Private Sub Cmd1_Click()
    If Lst1.ListCount<1 Then Exit Sub
    If Lst1.ListIndex>0 Then
        Lst1.ListIndex=Lst1.ListIndex-1
    Else
        Lst1.ListIndex=0
    End If
    Img1.Picture=LoadPicture(Lst1.Text)
End Sub
```

Cmd2_Click()事件代码如下：

```
Private Sub Cmd2_Click()
    If Lst1.ListCount<1 Then Exit Sub
    If Lst1.ListIndex<Lst1.ListCount-1 Then
        Lst1.ListIndex=Lst1.ListIndex+1
    Else
        Lst1.ListIndex=Lst1.ListCount-1
    End If
    Img1.Picture=LoadPicture(Lst1.Text)
End Sub
```

Cmd3_Click()事件代码如下：

```
Private Sub Cmd3_Click()
    Frm2.Show
End Sub
```

Cmd4_Click()事件代码如下：

```
Private Sub Cmd4_Click()
    If Cmd4.Caption="幻灯放映" Then
        wid=Me.Width
        hei=Me.Height
        Me.Width=Screen.Width
        Me.Height=Screen.Height
        Me.Top=0
        Me.Left=0
        Fram1.Width=Me.ScaleWidth-100
        Fram1.Height=Me.ScaleHeight-100
        Fram1.Top=0
        Fram1.Left=50
        Timer1.Enabled=True
        Me.BackColor=QBColor(0)
```

```
        Fram1.BackColor=QBColor(0)
        Cmd1.Visible=False
        Cmd2.Visible=False
        Cmd3.Visible=False
        Cmd4.Visible=False
        Cmd5.Visible=False
        Lst1.Visible=False
        Huan=True
        Cmd4.Caption="停止幻灯"
        Img1.Stretch=False
    Else
        Cmd4.Caption="幻灯放映"
        Timer1.Enabled=False
        Img1.Stretch=True
    End If
End Sub
```

Cmd5_Click()事件代码如下：

```
Private Sub Cmd5_Click()
    Unload Me
End Sub
```

Img1_Click()事件代码如下：

```
Private Sub Img1_Click()
    Call Fram1_DblClick
End Sub
```

Fram1_DblClick()事件代码如下：

```
Private Sub Fram1_DblClick()
    If Huan=True Then
    Me.Width=wid
    Me.Height=hei
    Me.BackColor=&H8000000F
    Fram1.BackColor=&H8000000F
    Cmd1.Visible=True
    Cmd2.Visible=True
    Cmd3.Visible=True
    Cmd4.Visible=True
    Cmd5.Visible=True
    Lst1.Visible=True
    Fram1.Left=90
    Fram1.Width=3975
    Fram1.Height=3375
    Img1.Left=120
```

```
        Img1.Top=270
        Img1.Width=3735
        Img1.Height=2985
        Huan=False
        Img1.Stretch=True
        End If
    End Sub
```

Lst1_Click()事件代码如下:

```
Private Sub Lst1_Click()
    Img1.Picture=LoadPicture(Lst1.Text)
End Sub
```

Timer1_Timer()事件代码如下:

```
Private Sub Timer1_Timer()
    Static i As Integer
    Img1.Picture=LoadPicture(Lst1.List(i))
    Img1.Top=(Fram1.Height-Img1.Height)/2
    Img1.Left=(Fram1.Width-Img1.Width)/2
    i=i+1
    If i>=Lst1.ListCount Then i=0
End Sub
```

(4) 选定"添加图片"窗体,打开"代码设计"窗口,输入程序代码。
Form_Load()事件代码如下:

```
Private Sub Form_Load()
    File1.Pattern="*.bmp;*.jpg;*.tif;*.gif"
    Dir1.Path=App.Path
End Sub
```

Drive1_Change()事件代码如下:

```
Private Sub Drive1_Change()
    Dir1.Path=Drive1.Drive
End Sub
```

Dir1_Change()事件代码如下:

```
Private Sub Dir1_Change()
    File1.Path=Dir1.Path
End Sub
```

Cmdcortrol_Click 事件代码如下:

```
Private Sub Cmdcortrol_Click(Index As Integer)
    Dim i As Integer
```

```
    Select Case Index
        Case 0
            If File1.ListIndex<0 Then Exit Sub
            '如果没有选定文件则退出此过程
            Lst1.AddItem File1.Path & "\" & File1.List(File1.ListIndex)
        Case 1
            If Lst1.ListIndex<0 Then Exit Sub
            Lst1.RemoveItem Lst1.ListIndex
        Case 2
            For i=0 To File1.ListCount-1
                Lst1.AddItem File1.Path & "\" & File1.List(i)
            Next i
        Case 3
            Lst1.Clear
    End Select
End Sub
```

CmdOk_Click()事件代码如下：

```
Private Sub CmdOk_Click()
    For i=0 To Lst1.ListCount-1
        Frm1.Lst1.AddItem Lst1.List(i)
    Next i
    Unload Me
End Sub
```

CmdClose_Click()事件代码如下：

```
Private Sub CmdClose_Click()
    Unload Me
End Sub
```

（5）保存窗体，运行程序，结果如图 11-10 和图 11-11 所示。

## 本章的知识点结构

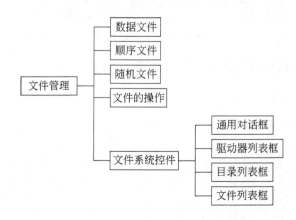

习　　题

1. 回答下列问题：

（1）数据文件有什么特点？

（2）有哪几种关于数据文件的操作？

（3）简述数据文件的结构。

（4）顺序文件与随机文件有什么区别？

（5）使用通用对话框的好处是什么？

（6）简述驱动器列表框的作用。

（7）简述目录列表框的作用。

（8）简述文件列表框的作用。

2. 编写程序。

（1）利用建立顺序文件的方法求解例7.8。

（2）利用建立随机文件的方法求解例7.9。

（3）利用建立随机文件的方法求解例7.10。

（4）利用通用对话框及文件操作方法，设计一个文本编辑器，如图11-12所示。

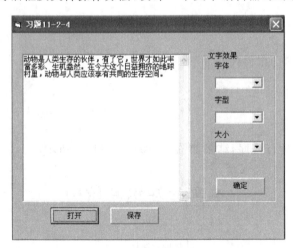

图11-12　文本编辑器

（5）利用通用对话框打开例11-1建立的顺序文件。

# 第 12 章 多媒体技术

Visual Basic 系统为用户提供一些专门的多媒体控件接口,使对文字特效、图形文件浏览、音频和视频文件的播放等程序制作变得轻松、快捷。

本章将介绍几个实用的多媒体控件程序设计。

## 12.1 多媒体控件

在 Visual Basic 的应用程序中,使用多媒体控件会使用户的应用程序丰富多彩,也更便于程序的使用。多媒体控件(MMControl)不是基本内部控件,它位于 Microsoft Multimedia Control 6.0 部件之中,工具箱中的按钮为图。

MMControl 控件又称为 Multimedia MCI 控件(MCI 是 multimedia control interface 的缩写),它为多种媒体设备提供了一个公共接口,将多媒体设备"绑定"在窗体上,实现对多媒体的操作。

MMControl 控件事实上就是一组按钮,当其被使用时外观如图 12-1 所示。

图 12-1　MMControl 控件外观

在一个窗体中,可以使用多个 MMControl 控件,这样可以控制多个媒体设备工作。

MMControl 控件常用的属性如下:

(1) AutoEnable 属性:决定是否自动检查 MMControl 控件各按钮的状态,默认为自动检查。

(2) PlayEnabled 属性:决定 MMControl 控件各按钮是否处于有效状态,默认为无效状态。

(3) Filename 属性:设置 MMControl 控件控制操作的多媒体文件名。

(4) From 属性:用于返回 MMControl 控件播放文件的起始时间。

(5) Length 属性:用于返回 MMControl 控件播放文件的长度。

(6) Position 属性:用于返回已打开的多媒体文件的位置。

(7) Command 属性:有 14 个值,可以执行 14 个操作命令,其中几个常用的操作命令是:

Open　打开一个由 Filename 属性指定的多媒体文件。

Play　播放打开的多媒体文件。

Stop　停止正在播放的多媒体文件。

Pause　暂停正在播放的多媒体文件。

Back　后退指定数目的画面。

Step　前进指定数目的画面。

Prev　回到本磁道的起始点。

Close　关闭已打开的多媒体文件。

(8) 在"属性页"窗口,设置 MMControl 控件的专门属性,如图 12-2 所示。

图 12-2　MMControl 控件控件的"属性页"

## 12.2　多媒体控件应用实例

以下结合几个实用的程序介绍 MMControl 控件的应用技术。

### 12.2.1　CD 播放器

**例 12-1**　创建一个窗体,实现"CD 播放器"功能,程序运行结果如图 12-3 所示。操作步骤如下:

(1) 窗体及控件属性参照图 12-4 设计。

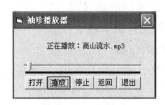

图 12-3　袖珍播放器

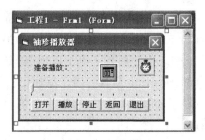

图 12-4　袖珍播放器窗体设计

（2）打开"代码设计"窗口，输入程序代码。

定义窗体变量如下：

```
Dim filename As String
Dim ste As Integer                                  '控制标签移动
```

Form_Load()事件代码如下：

```
Private Sub Form_Load()
    cmdplay.Enabled=False
    CmdStop.Enabled=False
    cmdPrev.Enabled=False
    MMC.Visible=False
    Slider1.Enabled=False
    Tmr1.Enabled=False
    ste=-6
End Sub
```

cmdOpen_Click()事件代码如下：

```
Private Sub cmdOpen_Click()                          '打开多媒体文件
    Dlg1.Filter="mp3|*.mp3|WAVE|*.wav|MIDI(mid)|*.mid|MIDI(rmi)|" & "*.rmi|
    AVI(*.avi)|*.avi|MPEG(*.mpg)|*.mpg"
    Dlg1.ShowOpen
    On Error Resume Next
    If Dlg1.filename<>"" Then
        filename=Dlg1.filename
        MMC.filename=filename
        MMC.Command="open"
        cmdplay.Enabled=True
        CmdStop.Enabled=True
        cmdPrev.Enabled=True
    End If
End Sub
```

cmdplay_Click()事件代码如下：

```
Private Sub cmdplay_Click()                          '播放多媒体文件
    Dim FS As New FileSystemObject
    filename1=FS.GetBaseName(filename) & "." & FS.GetExtensionName(filename)
    MMC.Command="play"
    CmdStop.Enabled=True
    Lbl1.Caption="正在播放： " & filename1
    Slider1.Max=MMC.Length
    Slider1.Min=MMC.From
    Slider1.LargeChange=(Slider1.Max-Slider1.Min)
    Slider1.SmallChange=Slider1.LargeChange/2
```

```
        Slider1.Enabled=True
        Timer1.Enabled=True
    End Sub
```

cmdStop_Click()事件代码如下：

```
Private Sub cmdStop_Click()                    '停止多媒体文件播放
    CmdStop.Enabled=False
    MMC.Command="stop"
  Timer1.Enabled=False
End Sub
```

cmdPrev_Click()事件代码如下：

```
Private Sub cmdPrev_Click()                    '回到起始点
    MMC.Command="prev"
End Sub
```

cmdExit_Click()事件代码如下：

```
Private Sub cmdExit_Click()                    '显示播放的多媒体文件名称
    Unload Me
End Sub
```

Tmr1_Timer()事件代码如下：

```
Private Sub Tmr1_Timer()
    Slider1.Value=MMC.Position
    If Lbl1.Left <=0 Then
        ste=6
    ElseIf Lbl1.Left>=Me.Width-Lbl1.Width Then
        ste=-6
    End If
    Lbl1.Left=Lbl1.Left+ste
End Sub
```

(3) 保存窗体，运行程序，结果如图 12-3 所示。

## 12.2.2 事务提醒器

例 12-2 创建两个窗体，在指定的时间内通过叫铃，提醒进行事务处理，程序运行结果如图 12-5 和图 12-6 所示。

操作步骤如下：

(1)"事务提醒设定"窗体及控件属性参照图 12-5 的设计。

(2)"今日提醒"窗体及控件属性参照图 12-6 的设计。

(3)打开"代码设计"窗口，建立一个标准模块。

图 12-5　确定提醒时间及内容

图 12-6　显示提醒信息

标准模块程序代码如下：

```
Public txt
```

（4）选定"事务提醒设定"窗体，打开"代码设计"窗口，输入程序代码。
定义窗体变量如下：

```
Dim t2 As String
```

Form_Load()事件代码如下：

```
Private Sub Form_Load()
    TxtTime.Text=Time
    TxtDate.Text=Date
End Sub
```

CmdSave_Click()事件代码如下：

```
Private Sub CmdSave_Click()
    t2=TxtTime.Text
    If TxtDesc.Text <>"" Then
        txt=TxtDesc.Text
        Frm1.Hide
    Else
        MsgBox "你没有输入要提醒的内容!!", 64, "提示"
        TxtDesc.SetFocus
    End If
    Timer1.Enabled=True
End Sub
```

TxtTime_GotFocus()事件代码如下：

```
Private Sub TxtTime_GotFocus()
    Timer2.Enabled=False
End Sub
```

234   Visual Basic程序设计(第3版)

Timer1_Timer()事件代码如下：

```
Private Sub Timer1_Timer()
    TxtDate.Text=Date
    If Hour(Time)<10 Then
        t2=Right(t2, 7)
    End If
    If t2=Str(Time) Then
        frm2.Show
    End If
End Sub
```

Timer2_Timer()事件代码如下：

```
Private Sub Timer2_Timer()
    TxtTime.Text=Time
End Sub
```

(5) 选定"今日提醒"窗体，打开"代码设计"窗口，输入程序代码。

Form_Load()事件代码如下：

```
Private Sub Form_Load()
    frm2.Show
    TxtDesc.Text=txt
    MediaPlayer.Visible=False
    MediaPlayer.FileName=App.Path & "\ring.wav"
    MediaPlayer.AutoStart=True
End Sub
```

Form_QueryUnload()事件代码如下：

```
Private Sub Form_QueryUnload(Cancel As Integer, UnloadMode As Integer)
    Unload Frm1
End Sub
```

MediaPlayer_PlayStateChange()事件代码如下：

```
Private Sub MediaPlayer_PlayStateChange(ByVal OldState As Long, ByVal NewState
As Long)
    If MediaPlayer.PlayState=mpStopped Then
        MediaPlayer.FileName=App.Path & "\ring.wav"
        MediaPlayer.AutoStart=True
    End If
End Sub
```

(6) 保存窗体，运行程序，结果如图12-5和图12-6所示。

## 12.2.3　Flash 播放器

例12-3　创建一个窗体，播放 Flash 动画，程序运行结果如图 12-7 所示。

操作步骤如下：

（1）窗体及控件属性参照图 12-8 的设计。

图 12-7 播放 Flash 动画

图 12-8 播放 Flash 动画设计

（2）打开"代码设计"窗口，建立一个 Sub 过程。

Sub 过程程序代码如下：

```
Private Sub fileopen()                              '打开 Flash 文件
    Dim filename As String
    Dlg.Filter="*.swf|*.swf"
    Dlg.ShowOpen
    If Dlg.filename<>"" Then
        filename=Dlg.filename
        flash.Visible=True
        flash.Movie=filename
        Cmd(1).Enabled=True
        Chk1.Value=1
        Cmd_Click (1)                               '调用播放
        Slider1.Max=flash.TotalFrames
        Slider1.Enabled=True
    End If
End Sub
```

（3）打开"代码设计"窗口，输入程序代码。

Form_Load()事件代码如下：

```
Private Sub Form_Load()
    Slider1.SelectRange=True
    Slider1.SmallChange=10
    Slider1.LargeChange=10
```

```
            Slider1.TickFrequency=20
            Slider1.TextPosition=sldAboveLeft
            Slider1.Enabled=False
            Cmd(1).Enabled=False
            Cmd(2).Enabled=False
            Cmd(3).Enabled=False
            Cmd(4).Enabled=False
        End Sub
```

Cmd_Click 事件代码如下：

```
Private Sub Cmd_Click(Index As Integer)
    Select Case Index
        Case 0                          '打开 Flash 文件
            Call fileopen
        Case 1                          '播放 Flash 文件
            flash.Playing=True
            Cmd(1).Enabled=True
            Cmd(2).Enabled=True
            Cmd(3).Enabled=True
            Cmd(4).Enabled=True
        Case 2                          '暂停 Flash 文件
            Cmd(1).Enabled=True
            Cmd(2).Enabled=False
            Cmd(3).Enabled=False
            Cmd(4).Enabled=False
            flash.Stop
        Case 3                          '向前
            flash.Back
        Case 4                          '向后
            flash.Forward
        Case 5
            Unload Me
    End Select
End Sub
```

Chk1_Click()事件代码如下：

```
Private Sub Chk1_Click()                '是否循环播放
    If Chk1.Value=1 Then
        flash.Loop=True
    Else
        flash.Loop=False
    End If
End Sub
```

Slider1_Scroll()事件代码如下:

```
Private Sub Slider1_Scroll()                    '进度
    flash.FrameNum=Slider1.Value
    flash.Play
    Cmd(2).Enabled=True
End Sub
```

Timer1_Timer()事件代码如下:

```
Private Sub Timer1_Timer()                      '进度条移动
    Slider1.Value=flash.FrameNum
End Sub
```

(4) 保存窗体,运行程序,结果如图 12-8 所示。

## 本章的知识点结构

## 习 题

1. 回答下列问题:

(1) 多媒体控件的作用是什么?

(2) 多媒体控件的 Command 属性如何设置?

2. 编写程序。

创建一个窗体,设计一个 MP3 播放器,如图 12-9 和图 12-10 所示。

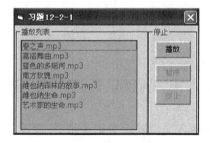

图 12-9 初始化

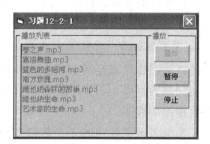

图 12-10 正在播放 MP3

# 第 13 章　数据库与数据控件

在现代信息社会,数据处理已成为计算机应用领域的主要方面,而数据库技术又是数据处理的核心内容。Visual Basic 通过对外部程序的链接,提供了一个功能强大的数据库开发平台。因此,有许多应用程序开发者都选择 Visual Basic 作为开发数据库前台应用程序的工具。

本章介绍几种在 Visual Basic 中应用的数据库技术:

(1) 使用 Data 控件访问数据库;

(2) 使用 ADO 访问数据库;

(3) 使用 DAO 访问数据库。

## 13.1　与数据库相关的概念

顾名思义,数据库就是存放数据的"仓库",但它不是一般意义上的仓库。数据库是以一定的组织方式将相关的数据组织在一起,存放在计算机外存储器上形成的,能为多个用户共享的,与应用程序彼此独立的一组相关数据的集合。

**1. 数据库具有的特征**

(1) 数据是按一定的数据模型组织在一起,存储在计算机外存储器的;

(2) 可为多个用户共享;

(3) 有较小冗余度;

(4) 数据与应用程序彼此独立性较高。

**2. 关系数据库**

关系数据库是满足关系模型特性的若干个关系的集合。

在关系数据库中,将一个关系视作一张二维表,又称其为数据表,这个数据表包含数据及数据间的联系。

一个关系数据库由若干个数据表组成,一个数据表又由若干个记录组成,而每一个记录又是由若干个以字段属性加以分类的数据项组成的。

(1) 数据表:一个关系对应一个数据表,由一组相关的数据记录组成,每行有一个记录号,用以标识记录。

(2) 记录:表中的每一行称为一个记录,它由若干个字段组成。

(3) 字段：表中的每一列称为一个字段，每个字段都有相同的属性。

(4) 索引：为了提高数据的访问效率，可以对数据表建立索引，从而改变表中记录的逻辑顺序。在数据表中能够唯一标识某一个记录的字段叫关键字，诸多关键字中其中一个叫主键。

图 13-1 是一个“友人通讯录”的关系结构。

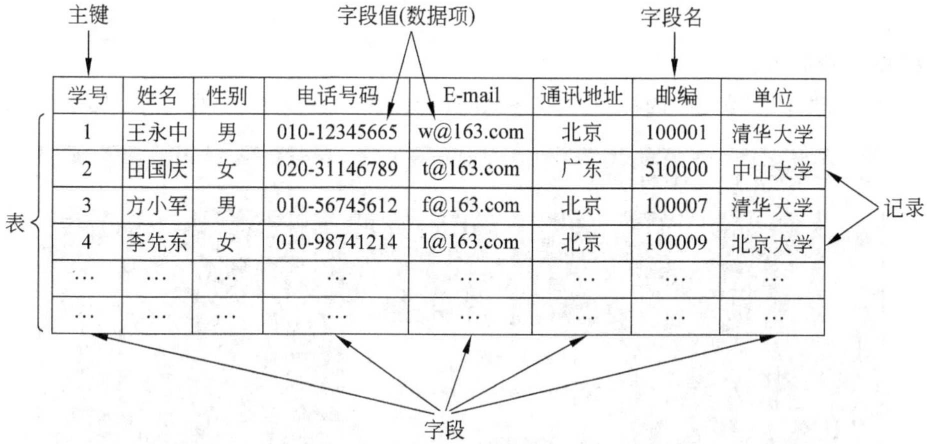


| 学号 | 姓名 | 性别 | 电话号码 | E-mail | 通讯地址 | 邮编 | 单位 |
|---|---|---|---|---|---|---|---|
| 1 | 王永中 | 男 | 010-12345665 | w@163.com | 北京 | 100001 | 清华大学 |
| 2 | 田国庆 | 女 | 020-31146789 | t@163.com | 广东 | 510000 | 中山大学 |
| 3 | 方小军 | 男 | 010-56745612 | f@163.com | 北京 | 100007 | 清华大学 |
| 4 | 李先东 | 女 | 010-98741214 | l@163.com | 北京 | 100009 | 北京大学 |
| … | … | … | … | … | … | … | … |
| … | … | … | … | … | … | … | … |

图 13-1 友人通讯录的关系结构

### 3. 关系数据库管理系统

关系数据库管理系统是管理和维护关系数据库的软件，用户可以通过数据库管理系统 DBMS(database management system)对数据库中的数据进行科学的组织、存储、高效的获取和维护管理。

关系数据库管理系统的主要功能如下：

(1) 数据定义功能：数据定义语言可定义数据库中的数据对象。

(2) 数据操纵功能：数据操纵语言可实现对数据库的数据查询、插入、删除和修改等操作。

(3) 数据库的运行管理：保证数据的安全性、完整性，多用户对数据的并发使用，发生故障后的系统恢复。

(4) 数据库的建立和维护功能：通过实用程序实现数据库数据批量装载、数据库转储、介质故障恢复、数据库的重组织、性能监视等操作。

## 13.2 创建数据库

在 Visual Basic 应用程序中使用数据库技术，首先要创建数据库。创建数据库通常使用两种方法：一是通过关系数据库管理系统软件直接创建数据库；二是在 Visual Basic 系统环境下，调用关系数据库管理系统软件间接地创建数据库。

### 13.2.1 直接使用 Access

Microsoft Access 2000 是 Microsoft 公司于 20 世纪 90 年代推出的数据库管理系统软件，是 Microsoft Office 2000 系列的一个重要组成部分。Microsoft Access 2000 以其强大的交互性和通用性，已经成为当今广为流行的关系数据库管理软件，并拥有众多用户。

操作步骤如下：

（1）打开"开始"菜单，选择"程序"→Microsoft Access 菜单选项，如图 13-2 所示。

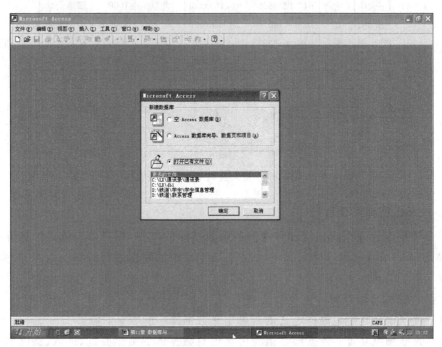

图 13-2　Access 系统环境

（2）在 Microsoft Access 对话窗口，用户可以有如下选择：

选择"空 Access 数据库"单选按钮选项，再单击"确定"按钮，可直接创建一个空数据库；

选择"Access 数据库向导、数据页和项目"单选按钮选项，再单击"确定"按钮，可利用数据库向导创建数据库对象；

选择"打开已有文件"单选按钮选项，再单击"确定"按钮，即可打开已有的 Access 数据库；

如果直接单击"取消"按钮，则进入 Access 系统的主界面环境，如图 13-3 所示。

（3）在 Access 主菜单下，依次选择"文件"→"新建"菜单选项，进入"新建"窗口，如图 13-4 所示。

（4）在"新建"窗口，选择"常用"选项卡，在列表框中，选择"数据库"选项，再单击"确定"按钮，进入"文件新建数据库"窗口，如图 13-5 所示。

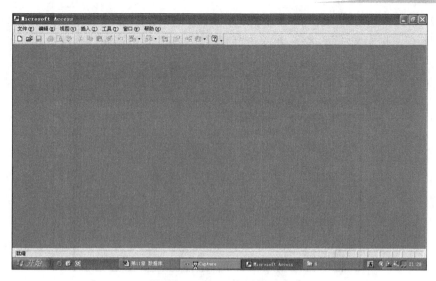

图 13-3　Access 主界面环境

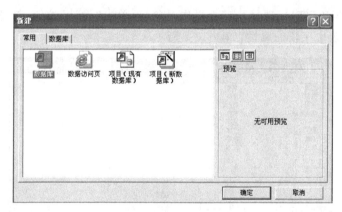

图 13-4　Access 新建窗口

图 13-5　Access 新建数据库窗口

(5) 在"文件新建数据库"窗口,在"保存位置"下拉框中,选择"数据库文件"保存位置,再输入"新建数据库文件"的名字,再单击"创建"按钮,进入"数据库"窗口,如图 13-6 所示。

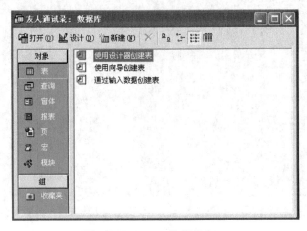

图 13-6　Access 数据库窗口

(6) 在"数据库"窗口,选择"表"为操作对象,再单击"设计"按钮,打开"表"结构设计窗口,依次定义表中字段的属性,如图 13-7 所示。

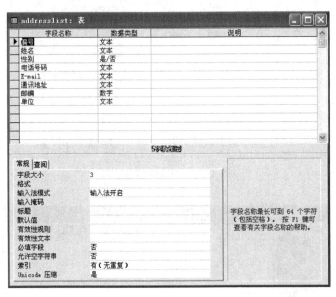

图 13-7　Access 表结构设计窗口

(7) 关闭"表"结构设计窗口,进入保存"表"窗口,保存表,结束表结构设计的操作,如图 13-8 所示。

(8) 在"数据库"窗口,选择"addresslist"表为操作对象,再单击"打开"按钮,在"表"编辑窗口输入数据,结束数据库的建立及表中数据的输入,如图 13-9 所示。

图 13-8　Access 保存表窗口

图 13-9 Access 表编辑窗口

## 13.2.2 调用外部程序

在 Visual Basic 系统环境下,间接创建数据库是一种更简便的方法。

操作步骤如下:

(1) 在 Visual Basic 主菜单下,依次选择"外接程序"→"可视化数据管理器"菜单选项,进入"可视化数据管理器"窗口,如图 13-10 所示。

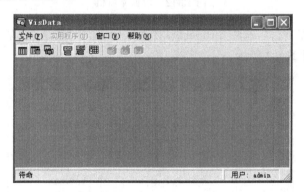

图 13-10 可视化数据管理器

(2) 在"可视化数据管理器"窗口,依次选择"文件"→"新建"→Microsoft Access→"Version 7.0"菜单选项,进入"新建数据库"窗口,如图 13-11 所示。

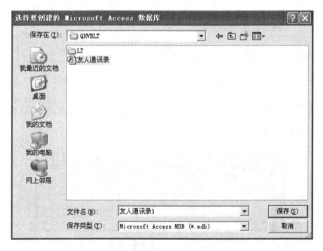

图 13-11 新建数据库窗口

（3）在"新建数据库"窗口，单击"保存"按钮，进入"数据库"窗口，如图 13-12 所示。

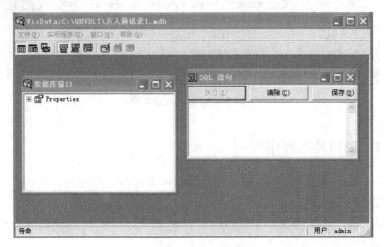

图 13-12　数据库窗口

（4）在"数据库"窗口，选中 Property，右击鼠标，选择"新建表"菜单选项，进入"表结构"设计窗口，如图 13-13 所示。

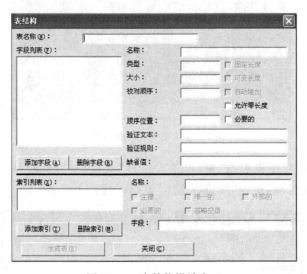

图 13-13　表结构设计窗口

（5）在"表结构"设计窗口，定义表名，依次定义表中字段属性，单击"生成表"按钮，进入"表"编辑窗口，如图 13-14 所示。

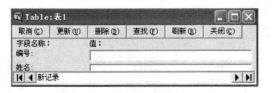

图 13-14　表编辑窗口

（6）在"表"编辑窗口，给表输入数据，结束数据库的建立及表中数据的输入。

## 13.3　数据环境设计器

利用数据环境设计器将数据绑定控件与数据库建立连接是数据库技术的基本操作，它的操作过程是先创建"数据环境"文件，然后再与窗体中的数据绑定控件建立连接。

**1. 创建"数据环境"文件**

操作步骤如下：

（1）Visual Basic 主菜单下，依次选择"工程"→"添加 Data Environmemt"菜单选项，进入"数据环境"窗口，如图 13-15 所示。

图 13-15　数据环境窗口

（2）在"数据环境"窗口，选中 Connection1 链接对象，右击鼠标，打开快捷菜单，选择"属性"菜单选项，进入"数据链接属性"窗口。

（3）在"数据链接属性"窗口，选择"提供程序"选项卡，选择（Microsoft jet 4.0 OLE DB Provider 或 jet 4.0 OLE）以上的程序；选择"链接"选项卡，选择使用的数据库文件，如图 13-16 所示。

（4）在"数据链接属性"窗口，单击"确定"按钮，返回到"数据环境"窗口。

（5）在"数据环境"窗口，再选 Connection1 链接对象，右击鼠标，打开快捷菜单，选择"添加命令"菜单选项，添加一个对象 Command1。

（6）在"数据环境"窗口中，选定 Command1 对象，右击鼠标，打开快捷菜单，选择"属性"菜单选项，打开"Command1 属性"窗口。

（7）在"Command1 属性"窗口，定义 Command1 对象的属性，如图 13-17 所示。

（8）在"Command1 属性"窗口，单击"确定"按钮，结束"数据环境"文件的创建。

**2. 数据绑定对象**

操作步骤如下：

（1）Visual Basic 主菜单下，依次选择"工程"→"部件"菜单选项，进入"部件"窗口，如图 13-18 所示。

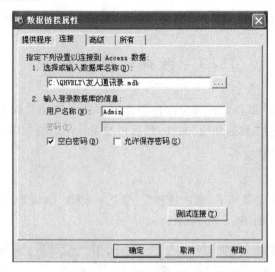

图 13-16　数据链接属性窗口

图 13-17　Command1 属性窗口

图 13-18　ActiveX 控件部件窗口

（2）在"部件"窗口，将要使用的 ActiveX 控件添加到"工具箱"中。

（3）创建或打开窗体，将 ActiveX 控件添加到窗体中，设置 ActiveX 控件的属性，如图 13-19 所示。

定义 DataSource 和 DataMember 属性如下：

```
DataSource   DataEnvironmemt1
DataMember   Command1
```

程序的运行结果，如图 13-20 所示。

（4）运行窗体，可以看出 ActiveX 数据绑定控件的数据源来自"友人通讯录"数据库。

图 13-19　数据绑定控件属性窗口

图 13-20　数据库表格提供数据源

**例 13-1**　创建一个窗体，其窗体中的列表框中的数据，来自已有的数据库（学生）中的数据表（学生档案）中的姓名字段，程序运行结果如图 13-21 所示。

操作步骤如下：

（1）Visual Basic 主菜单下，依次选择"工程"→"添加 Data Environmemt"菜单选项，进入"数据环境"窗口，如图 13-22 所示。

图 13-21　数据库为列表框提供数据源　　　图 13-22　数据环境窗口

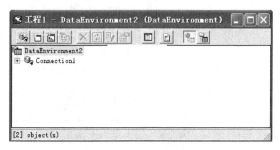

（2）在"数据环境"窗口，选中 Connection1 链接对象，右击鼠标，打开快捷菜单，选择"属性"菜单选项，进入"数据链接属性"窗口，如图 13-23 所示。

（3）在"数据链接属性"窗口，选择"提供程序"选项卡，选择（Microsoft jet 4.0 OLE

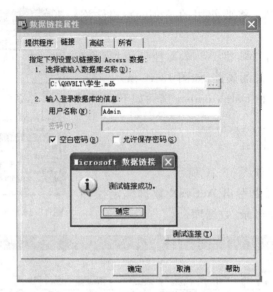

图 13-23  数据链接属性窗口

DB Provider);选择"链接"选项卡中,选择使用数据库文件,并测试是否链接成功。

(4)在"数据链接属性"窗口,单击"确定"按钮,返回到"数据环境"窗口。

(5)在"数据环境"窗口,再选 Connection1 链接对象,右击鼠标,打开快捷菜单,选择"添加命令"菜单选项,添加一个对象 Command1。

(6)在"数据环境"窗口,选 Command1 对象,右击鼠标,打开快捷菜单,选择"属性"菜单选项,打开"Command1 属性"窗口。

(7)在"Command1 属性"窗口,定义 Command1 对象的属性,如图 13-24 所示。

图 13-24  Command1 属性窗口

(8)在"Command1 属性"窗口,单击"确定"按钮,结束"数据环境"文件的创建。

(9)在 Visual Basic 主菜单下,依次选择"工程"→"部件"菜单选项,进入"部件"窗口。

(10)在"部件"窗口,将要使用的 DataList 数据列表 ActiveX 控件添加到"工具箱"中。

（11）创建或打开窗体，将 DataList 数据列表控件添加到窗体中，设置 DataList 数据列表控件的属性，如图 13-25 所示。

图 13-25 部件窗口

其中：

```
DataSource  DataEnvironmemt2
DataMember  command1
RowSource   DataEnvironmemt2
RowMember   command1
ListField   姓名
```

（12）运行窗体，结果如图 13-21 所示。

## 13.4 Data 控件及应用

Data 控件（Data）是一个数据连接控件，它能够将数据库中的数据信息，通过应用程序中的数据绑定控件连接起来，从而实现对数据库的操作，工具箱中的按钮为 。

**1. Data 控件常用的属性**

（1）DatabaseName 属性 用来创建 Data 控件与数据库之间的联系，并设置与 Data 控件连接的数据库文件名。

（2）RecordSource 属性 用来创建 Data 控件与数据库之间的联系，设置 Data 控件的数据库中表文件名或 SQL 语句。

（3）Connect 属性 设置 Data 控件打开数据库的类型，默认值为 Access。

**2. Data 控件浏览按钮**

创建后的 Data 控件如图 13-26 所示。

Data 控件提供了 4 个用于数据表中数据记录浏览的按钮,其中:

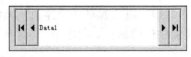

图 13-26  Data 控件

(1) 把数据表中记录指针移到第一个记录,即第一个记录为当前可操作记录。

(2) 把数据表中记录指针移到当前可操作记录的上一个记录,即上一个记录为当前可操作记录。

(3) 把数据表中记录指针移到当前可操作记录的下一个记录,即下一个记录为当前可操作记录。

(4) 把数据表中记录指针移到最后一个记录,即最后一个记录为当前可操作记录。

在移动记录指针时,Data 控件会自动更新数据,使显示在数据绑定控件中的数据与数据表中的数据保持一致。

**2. Data 控件常用方法**

(1) MoveFirst 方法

MoveFirst 方法的格式:

```
<对象>.Recordset.MoveFirst
```

功能:设置第一个记录为当前可操作记录。

(2) MovePrevious 方法

MovePrevious 方法的格式:

```
<对象>.Recordset.MovePrevious
```

功能:设置当前可操作记录的前一个记录为当前可操作记录。

(3) MoveNext 方法

MoveNext 方法的格式:

```
<对象>.Recordset.MoveNext
```

功能:设置当前可操作记录的下一个记录为当前可操作记录。

(4) MoveLast 方法

MoveLast 方法的格式:

```
<对象>.Recordset.MoveLast
```

功能:设置最后一个记录为当前可操作记录。

(5) AddNew 方法

AddNew 方法的格式:

```
<对象>.Recordset.AddNew
```

功能:在表的最后一个记录后添加新记录。

(6) Delete 方法

Delete 方法的格式:

```
<对象>.Recordset.Delete
```

功能：删除当前可操作记录。

（7）BOF 方法

BOF 方法的格式：

```
<对象>.Recordset.BOF
```

功能：返回记录指针是否移到第一个记录前。

（8）EOF 方法

EOF 方法的格式：

```
<对象>.Recordset.EOF
```

功能：返回记录指针是否移到最后一个记录后。

**3.　数据绑定控件**

所谓数据绑定控件是一些能够和数据库中的数据表的某个字段建立关联的控件。当这些数据绑定控件被绑定在 Data 控件上时，Data 控件能够将自身所连接的数据源中的数据传送给这些数据绑定控件，当 Data 控件的数据源中的数据改变时，数据绑定控件的数据也随之改变；反之，若数据绑定控件的值被修改，这些修改后的数据会自动地保存到数据库的数据表中。

在 Visual Basic 中，通过对数据绑定控件的操作，就能对 Data 控件所访问的数据库进行数据处理，从而实现用 Visual Basic 程序代码操纵"后台"数据库的功能。

在 Visual Basic 中，并不是所有的控件都能够作为数据绑定控件的，以下列表是本书所介绍的可作为数据绑定控件的常用控件和 ActiveX 控件。

可作为数据绑定控件的常用控件：

TextBox　文本框控件；

Label　标签控件；

ListBox　列表框控件；

ComboBox　组合框控件；

CheckBox　复选框控件；

PictureBox　图片框控件；

Image　图像控件；

OLE　容器控件。

可作为数据绑定控件的 ActiveX 控件：

DBGrid　数据库表格控件；

DBList　数据库列表控件；

DBCombo　数据库组合控件；

DataGrid　数据表格控件；

DataList　数据列表控件；

DataCombo　数据组合控件。

**例 13-2**　创建一个窗体,利用 Data 控件创建一个"友人通讯录"程序,程序运行结果如图 13-27 所示。

操作步骤如下:

(1) 打开"可视化数据管理器"窗口,建立"友人通讯录"数据库,数据库中"txl"表结构参照图 13-28 设计。

图 13-27　友人通讯录

图 13-28　"txl"表的结构

(2) 窗体及控件属性参照图 13-29 设计。

图 13-29　友人通讯录设计窗体

(3) 打开"代码设计"窗口,输入程序代码。

Form_Load()事件代码如下:

```
Private Sub Form_Load()
```

```
        Dim i As Integer
        DataTxl.DatabaseName=App.Path & "\txl.mdb"
        DataTxl.RecordSource="txl"
        CmdPrevious.Enabled=False
    End Sub
```

CmdAdd_Click()事件代码如下：

```
Private Sub CmdAdd_Click()                        '添加按钮
    On Error Resume Next
    If CmdAdd.Caption="添　加" Then
        CmdAdd.Caption="确　定"
        CmdFirst.Enabled=False
        CmdPrevious.Enabled=False
        CmdNext.Enabled=False
        CmdLast.Enabled=False
        CmdDel.Enabled=False
        DataTxl.Recordset.AddNew
        TxtTxl(0).SetFocus
    Else
        CmdAdd.Caption="添　加"
        DataTxl.Recordset.Update
        DataTxl.Recordset.MoveLast
        CmdFirst.Enabled=True
        CmdPrevious.Enabled=True
        CmdLast.Enabled=True
        CmdDel.Enabled=True
    End If
End Sub
```

CmdDel_Click()事件代码如下：

```
Private Sub CmdDel_Click()                        '删除按钮
    On Error Resume Next
    If MsgBox("是否真的删除？", vbYesNo, "提示")=vbYes Then
    DataTxl.Recordset.Delete
    DataTxl.Recordset.MoveNext
    If DataTxl.Recordset.EOF Then DataTxl.Recordset.MoveLast
    End If
End Sub
```

CmdFirst_Click()事件代码如下：

```
Private Sub CmdFirst_Click()                      '第一个按钮
    CmdPrevious.Enabled=False
    CmdNext.Enabled=True
    DataTxl.Recordset.MoveFirst
```

```
End Sub
```

CmdLast_Click()事件代码如下：

```
Private Sub CmdLast_Click()                      '下一条按钮
    CmdNext.Enabled=False
    CmdPrevious.Enabled=True
    DataTx1.Recordset.MoveLast
End Sub
```

CmdNext_Click()事件代码如下：

```
Private Sub CmdNext_Click()                      '下一条按钮
    On Error Resume Next
    DataTx1.Recordset.MoveNext
    If DataTx1.Recordset.EOF Then
        DataTx1.Recordset.MoveLast
        CmdNext.Enabled=False
    End If
    CmdPrevious.Enabled=True
End Sub
```

CmdPrevious_Click()事件代码如下：

```
Private Sub CmdPrevious_Click()                  '上一条按钮
    On Error Resume Next
    DataTx1.Recordset.MovePrevious
    If DataTx1.Recordset.BOF Then
        DataTx1.Recordset.MoveFirst
        CmdPrevious.Enabled=False
    End If
    CmdNext.Enabled=True
End Sub
```

(4) 保存窗体，运行程序，结果如图 13-27 所示。

## 13.5 DAO 数据访问对象及应用

DAO 数据访问对象是建立、连接和处理数据库的另一种方法，它是 Microsoft jet 数据库引擎的面向对象的接口。它以分层结构来组织数据访问对象类，并用这些类来定义数据访问对象，再使用数据访问对象完成数据库的创建、维护等操作。

**1. DAO 数据访问对象分层结构**

在 DAO 数据访问对象分层结构中，处于顶层的是数据库引擎，即 jet，在 jet 数据库引擎之下是 WorkSpace 对象集合的部分结构，WorkSpace 对象集合下又包含多个子集。DAO 数据访问对象部分分层结构如图 13-30 所示。

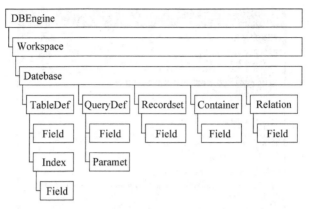

图 13-30　DAO 数据访问对象分层结构

图 13-30 中各对象所代表的意义如表 13-1 所示。

表 13-1　DAO 数据访问对象

| 类 或 对 象 | 对象所代表的意义 |
|---|---|
| DBEngin | 即 Jet 引擎 |
| Workspace | Workspace 为用户定义了一个或多个工作区,它包含打开的数据库,并提供处理方法和安全支持 |
| Database | 代表一个打开的数据库 |
| TableDef | 代表数据表或被连接的表的物理结构定义 |
| QueryDef | 代表 Jet 数据库的查询定义 |
| Recordset | 代表数据表或查询中的记录集 |
| Field | 代表数据库表的字段 |
| Index | 代表数据表的索引 |
| Relation | 代表各表或各查询之间字段的关系 |
| User | 当 Workspace 工作在安全状态下时,它代表着可访问数据的用户 |
| Group | 当 Workspace 工作在安全状态下时,它代表一个可访问数据用户群 |
| Error | 包含着数据访问的出错信息 |

### 2. 添加 DAO 数据访问对象库

在使用 DAO 数据访问对象之前,必须要添加 DAO 数据访问对象库。

操作步骤如下:

(1) 在 Visual Basic 系统环境下,依次选择"工程"→"引用"菜单选项,打开"引用"窗口,如图 13-31 所示。

(2) 在"引用"窗口,选择 Microsoft DAO 3.15 Object Library,再单击"确定"按钮,完成添加 DAO 数据访问对象库操作。

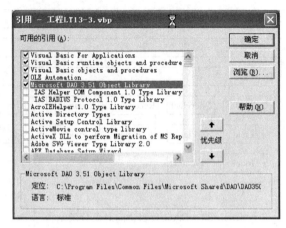

图 13-31　添加 DAO 数据访问对象库

**3. DAO 数据访问对象的常用方法**

(1) Set Database 方法

Set Database 方法的语句格式：

```
Set <Database>=<WorkSpace>.OpenDatabase  (<dbname>,[<options>],
     [<readonly>],[<connect>])
```

功能：以指定的方式打开数据库。

注意事项：

<Database>Database 对象变量；

<WorkSpace>WorkSpace 对象变量；

<dbname>数据库文件名；

<options>决定是以独占方式打开数据库，还是以共享方式开数据库。当 options 值为 True 时，以独占方式打开数据库；当 options 值为 False 时，以共享方式打开数据库，默认值为 False；

<readonly>决定是以只读方式，还是以读写方式开数据库。当 readonly 值为 True 时，以只读方式打开数据库，当 readonly 值为 False 时，以读写方式打开数据库，默认值为 False；

<connect>用来指定数据库的类型以及打开数据库的口令等，默认值为 jet 数据库。

(2) Set Recordset 方法

Set Recordset 方法的语句格式：

```
Set<Recordset>=<Database>.OpenRecordset  (<source>,[<type>] [<options>],
<lockedits>)
```

功能：从数据库中读取数据赋给指定记录。

注意事项：

<Recordset>记录对象变量；

<Database>Database 对象变量；

<source>数据表文件名；

<options>决定是以独占方式打开数据库，还是以共享方式打开数据库。当 options 值为 True 时，以独占方式打开数据库，当 options 值为 False 时，以共享方式打开数据库，默认值为 False；

<type>数据表字段类型；

<lockedits>数据表中记录不能修改。

（3）MoveFirst、MovePrevious、MoveNext、MoveLast、AddNew、Delete、BOF、EOF 与 Data 控件方法相同。

**例 13-3**　创建一个窗体，利用 DAO 数据访问对象，对已知的"用户密码"数据库进行访问，进行系统登录窗体的设计，程序运行结果如图 13-32 所示。

操作步骤如下：

（1）在 Access 系统环境下，建立"用户"数据库，数据库中"user"表结构参照图 13-33 设计。

（2）窗体及控件属性参照图 13-32 设计。

（3）打开"代码设计"窗口，输入程序代码。

图 13-32　登录窗体

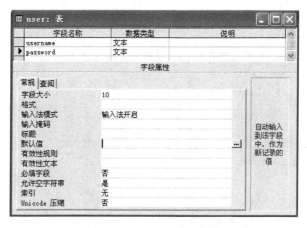

图 13-33　"user"表的结构

Form_Activate()事件代码如下：

```
Private Sub Form_Activate()
    TxtUser.SetFocus
End Sub
```

CmdOk_Click()事件代码如下：

```
Private Sub CmdOk_Click()
    Dim DB As Database
    Dim RS As Recordset
```

```
        Dim username As String
        Dim password As String
        Set DB=OpenDatabase(App.Path & "\user.mdb")
        Set RS=DB.OpenRecordset("user")
        If TxtUser.Text <>"" Then
            username=TxtUser.Text
            password=TxtPassword.Text
            Do While Not RS.EOF
                If username=RS!username Then
                    If password=RS!password Then
                        MsgBox "登录成功",, "提示"
                        Exit Sub
                    Else
                        MsgBox "密码错误,请重新输入!!!", vbOKOnly, "提示"
                        TxtPassword.Text=""
                        TxtPassword.SetFocus
                        Exit Sub
                    End If
                Else
                    RS.MoveNext
                End If
            Loop
            If RS.EOF Then
                MsgBox "你的用户名不正确,请核实后输入!!!", vbOKOnly, "提示"
                TxtUser.SetFocus
                TxtUser.Text=""
            End If
        Else
            MsgBox "请输入您的用户名!!!", vbOKOnly, "提示"
            TxtUser.SetFocus
        End If
End Sub
```

CmdCancel_Click()事件代码如下:

```
Private Sub CmdCancel_Click()
    Unload Me
End Sub
```

(4) 保存窗体,运行程序,结果如图 13-32 所示。

# 13.6  ADO 控件及应用

ADO 控件比 DAO 数据访问对象、Data 控件更灵活,功能更全面。

ADO 控件的核心是 Connection 对象、Recordset 对象、Command 对象。对数据库进行操作时,首先需要用 Connection 对象与数据库建立联系,然后用 Recordset 对象来操作、维护数据,利用 Command 对象实现存储过程和参数的查询。ADO 控件不是基本内部控件,它位于 Microsoft ADO Data Common Controls 6.0 部件之中,工具箱中的按钮为 。

ADO 控件的属性与方法请参见 DAO 数据访问对象、Data 控件的相关内容。

在"属性页"窗口,可设置 ADO 控件的专门属性,如图 13-34 所示。

**例 13-4**　创建一个窗体,利用 ADO 控件、"试题"数据库,设计一个"考试"系统程序,程序运行结果如图 13-35 所示。

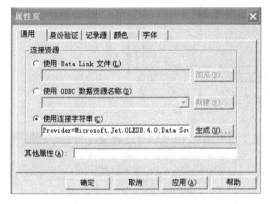

图 13-34　ADO 控件的"属性页"

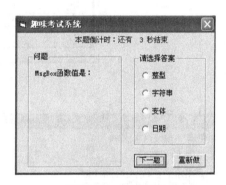

图 13-35　考试系统

操作步骤如下:

(1) 在 Access 系统环境下,建立"试题"数据库,数据库中"test"表结构参照图 13-36 的设计。

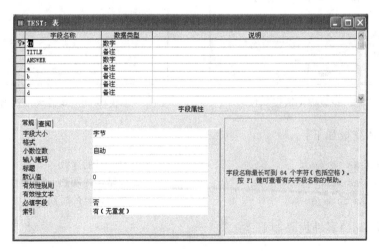

图 13-36　"test"表的结构

(2) 窗体及控件属性参照图 13-37 的设计。

(3) 设置 ADO 控件属性参照图 13-38 和图 13-39 的设计。

(4) 打开"代码设计"窗口,输入程序代码。

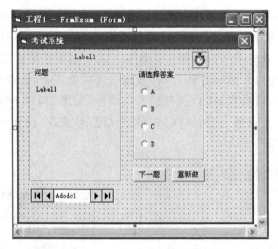

图 13-37　考试系统窗体设计

图 13-38　设置数据链接属性　　　　　图 13-39　设置链接数据库

定义窗体变量如下：

```
Dim Right As Integer                      '答对的题数
Dim Wrong As Integer                      '错误的题数
Dim time As Integer                       '倒计时的时间数
```

Form_Load()事件代码如下：

```
Private Sub Form_Load()
    Me.Height=3900
    Me.Width=5040
    Timer1.Enabled=True
    LblTime.Visible=False
    Right=0
```

```
    Wrong=0
    AdoText.Recordset.MoveFirst
    OptAnswer(0).Caption=AdoText.Recordset!a
    OptAnswer(1).Caption=AdoText.Recordset!b
    OptAnswer(2).Caption=AdoText.Recordset!c
    OptAnswer(3).Caption=AdoText.Recordset!d
    time=10                                    '设置答题时间为10秒
End Sub
```

CmdNext_Click()事件代码如下：

```
Private Sub CmdNext_Click()
    Timer1.Enabled=True
    OptAnswer(0).Enabled=True
    OptAnswer(1).Enabled=True
    OptAnswer(2).Enabled=True
    OptAnswer(3).Enabled=True
    time=10
    AdoText.Recordset.MoveNext
    If Not AdoText.Recordset.EOF Then
    LblResult.Caption=""
    OptAnswer(0).Caption=AdoText.Recordset!a
    OptAnswer(1).Caption=AdoText.Recordset!b
    OptAnswer(2).Caption=AdoText.Recordset!c
    OptAnswer(3).Caption=AdoText.Recordset!d
    Timer1.Enabled=True
    Else
    CmdNext.Enabled=False
    Timer1.Enabled=False
    LblResult.Caption="做对" & Right & "题,错了" & Wrong & "题"
    End If
End Sub
```

CmdRE_Click()事件代码如下：

```
Private Sub CmdRE_Click()
    Call Form_Load
End Sub
```

OptAnswer_Click()事件代码如下：

```
Private Sub OptAnswer_Click(Index As Integer)
    If Index=AdoText.Recordset!answer-1 Then
        LblResult.Caption="你答对了,好样的!"
        OptAnswer(Index).Value=False
        OptAnswer(0).Enabled=False
        OptAnswer(1).Enabled=False
        OptAnswer(2).Enabled=False
        OptAnswer(3).Enabled=False
```

```
        Timer1.Enabled=False
        Right=Right+1
    Else
        LblResult.Caption="错了!太遗憾!"
        Wrong=Wrong+1
    End If
End Sub
```

Timer1_Timer()事件代码如下:

```
Private Sub Timer1_Timer()
    LblTime.Visible=True
    time=time-1
    LblTime.Caption="本题倒计时:还有 " & Str(time) & " 秒结束"
    If time=0 Then
    MsgBox "对不起您没有在规定的时间内回答本题,请选择下一题", vbOKOnly, "提示"
    OptAnswer(0).Enabled=False
    OptAnswer(1).Enabled=False
    OptAnswer(2).Enabled=False
    OptAnswer(3).Enabled=False
    Timer1.Enabled=False
    End If
End Sub
```

(5) 保存窗体,运行程序,结果如图 13-35 所示。

## 本章的知识点结构

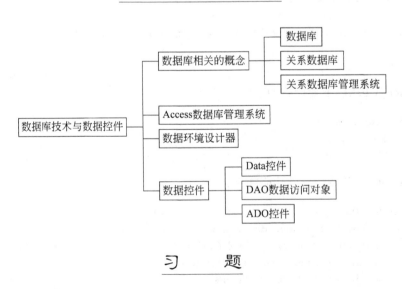

## 习    题

1. 回答下列问题:

(1) 在 Visual Basic 中应用的数据库技术所使用的控件和对象有哪些?

（2）关系数据库是由什么构成的？

（3）解释数据表、记录和字段的概念。

（4）利用 Access 直接创建数据库的步骤是什么？

（5）在 Visual Basic 中间接创建数据库的步骤是什么？

2．设计数据库。

（1）设计一个"名著阅读文摘"数据库。

（2）设计一个"老乡资料信息管理"数据库。

（3）设计一个"个人支出信息管理"数据库。

（4）设计一个"名车档案信息管理"数据库。

（5）设计一个"同学通讯录"数据库。

3．编写程序。

（1）创建一个窗体，利用数据库技术管理学生成绩，如图 13-40 所示。

（2）创建一个窗体，利用数据库技术、多页选项卡管理学生成绩，如图 13-41、图 13-42 和图 13-43 所示。

图 13-40　学生成绩管理

图 13-41　数据录入选项卡

图 13-42　数据浏览选项卡

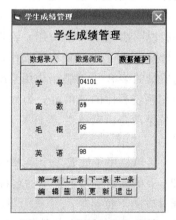

图 13-43　数据维护选项卡

# 第 14 章　菜单与工具栏

在一个应用系统程序中,菜单、工具栏起着组织、协调全部操作对象的关键作用。也可以说,菜单、工具栏是对程序功能进行简明的"菜单式"或"栏目式"排列,组合成用户界面,以供选择控制程序运行。一个良好的菜单系统会给用户一个友好的操作界面,并会带来操作上的便利。

工具栏与菜单的功能十分相似,但是工具栏一般不控制应用系统程序的全部操作,而是控制应用系统程序中那些经常使用的操作。

菜单、工具栏在应用系统程序中有着重要作用,一个应用程序,若能设计出可供有效使用和简捷操作的菜单、工具栏,便可使其程序的质量得到很大的提升。本章将结合实例介绍菜单、工具栏的创建及应用。

## 14.1　菜　单　系　统

一个完整的菜单包括多个菜单项,每一个菜单项是一个语句,用来实现某一具体的操作任务。

Visual Basic 应用系统程序的菜单与人们在餐馆用餐时所用的"菜单",有一定的相同之处。在餐馆使用的"菜单"要有 3 个作用:一是要有说明性,说明餐馆经营什么菜肴;二是要有可选择性,让就餐者能够选择所需的菜肴;三是要有可操作性,就餐者选定菜肴后就要能够加工,让就餐者得到相应的服务。而 Visual Basic 应用系统程序菜单同样也有 3 个作用:一是要有说明性,让用户对应用系统程序的各个功能有所了解;二是要有可选择性,让用户能够选择操作功能;三是要有可操作性,用户选定某操作功能后就能实现这一操作。因此,一个高质量的菜单,会对整个应用系统程序的管理、操纵、运行带来很多便利。

应用系统程序的菜单可分为弹出式菜单(也称快捷菜单)和下拉菜单。

下拉菜单是由菜单栏、菜单标题、菜单和菜单项组成的,而快捷菜单是由菜单和菜单项组成的。其中:

(1) 菜单栏用于放置多个菜单标题;

(2) 菜单标题是每个菜单的名称,单击某菜单标题可打开对应的下拉菜单,或右击鼠标打开对应的下拉菜单;

(3) 菜单是包括多个菜单项的用户界面;

(4) 菜单项与操作任务需互相匹配,每一个菜单项对应一个操作命令。

图 14-1 是 Visual Basic 应用系统程序的下拉菜单。

图 14-2 是 Visual Basic 应用系统程序的快捷菜单。

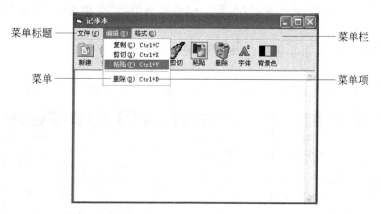

图 14-1 下拉菜单

图 14-2 快捷菜单

## 14.2 菜单编辑器

菜单编辑器是 Visual Basic 系统为用户提供的菜单设计工具,利用菜单编辑器可以设计与 Visual Basic 系统菜单相媲美的菜单系统。

### 14.2.1 下拉菜单

本小节举例说明菜单程序的创建过程。

**例 14-1** 为一个已存在的窗体创建菜单系统,并以表 14-1 所示内容组成菜单系统各级菜单选项及功能。

表 14-1 主菜单的功能

| 菜 单 名 | 子 菜 单 | 菜单的功能 |
| --- | --- | --- |
| 文件 | 新建 | 新建文本文件 |
| | 打开 | 打开文本文件 |
| | 保存 | 保存文本文件 |
| | 退出 | 关闭程序 |
| 编辑 | 复制 | 复制选中的文本 |
| | 剪切 | 剪切选中的文本 |
| | 粘贴 | 将剪贴板中的内容复制到当前位置 |
| | 删除 | 删除选中的文本 |
| 格式 | 字体 | 打开字体设置对话框 |
| | 背景色 | 打开颜色设置对话框 |

操作步骤如下：

(1) 设计主菜单

① 在 Visual Basic 系统环境下,依次选择"工程"→"菜单编辑器"菜单选项,打开"菜单编辑器"窗口,如图 14-3 所示。

② 在"菜单编辑器"窗口,设计菜单标题、名称及热键。

(2) 设计子菜单

① 在"菜单编辑器"窗口,设计子菜单标题、名称、热键及快捷键。如图 14-4 所示。

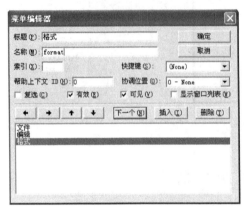

图 14-3 设计主菜单

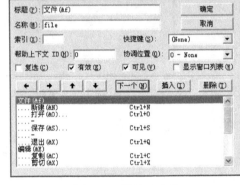

图 14-4 设计子菜单

② 在"菜单编辑器"窗口,为子菜单项分组。如图 14-5 所示。

## 14.2.2 快捷菜单

快捷菜单是利用鼠标右键弹出的一个小型菜单,它可以在窗体的某一位置出现,用户根据需求对菜单进行选择。

### 1. 快捷菜单

快捷菜单的设计方法与主菜单的设计方法基本相同,它不需要顶部下拉,因此在设计菜单时,菜单标题要设置成不可见的。如图 14-6 所示。

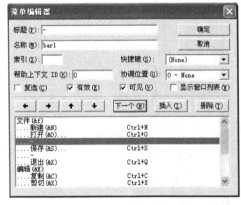

图 14-5 子菜单项分组

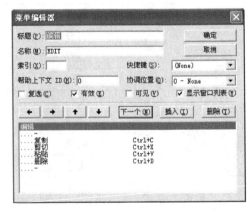

图 14-6 快捷菜单

**2. 显示快捷菜单**

快捷菜单必须用 PopupMenu 方法弹出。

PopupMenu 方法语句格式：

[<对象>.]PopupMenu <菜单名>[,<标志>] [, x] [, y]

功能：在窗体的指定位置显示以<菜单名>为名的菜单。

## 14.3 工 具 栏

工具栏和菜单一样是应用程序界面常见的部分，Visual Basic 系统为用户提供了非常方便的创建工具栏的方法，一是利用 PictureBox 和 CommandBotton 两个控件组合建立工具栏，二是利用 ToolBar、ImageList 两个控件组合建立工具栏。

本节仅介绍利用第二种方法创建工具栏。

**1. ToolBar 控件**

ToolBar 控件是用于存放工具栏中 CommandBotton 控件的容器，它不是基本内部控件，它位于 Microsoft Windows Common Controls 6.0 部件之中，工具箱中的按钮为 ⚇。

在"属性页"窗口，可设置 ToolBar 控件的专门属性，如图 14-7 所示。

图 14-7 ToolBar 控件的"属性页"

**2. ImageList 控件**

ImageList 控件用于保存图形文件的控件。它不是基本内部控件，它位于 Microsoft Windows Common Controls 6.0 部件之中，工具箱中的按钮为 ⚎。

在"属性页"窗口，可设置 ImageList 控件的专门属性，如图 14-8 所示。

**3. 创建工具栏**

下面举例说明工具栏的创建过程。

图 14-8    ImageList 控件的"属性页"

**例 14-2**    为一个已存在的窗体,创建工具栏。

操作步骤如下:

(1) 打开 ImageList 控件的属性页窗口,为 ImageList 控件中添加所需的图像,如图 14-8 所示。

(2) 打开 ToolBar 控件的属性,向 ToolBar 控件添加多个 Button 对象,并定义它们的标题及图像,如图 14-7 所示。

(3) 编写 ToolBar 控件中的 ButtonClick( )事件程序代码,该事件代码最好选用 Select Case 语句来控制各个 Button 的操作。

## 14.4    应用实例:记事本

**例 14-3**    创建一个窗体,实现记事本功能,程序运行结果如图 14-9 所示。

图 14-9    记事本

操作步骤如下：

（1）窗体及控件属性参照图 14-10 设计。

图 14-10　记事本

（2）利用"菜单编辑器"设计菜单，见例 14-1。

（3）利用 ToolBar、ImageList 两个控件组合建立工具栏，见例 14-2。

（4）打开"代码设计"窗口，输入程序代码。

定义窗体变量如下：

Form_Load()事件代码如下：

```
Private Sub Form_Load()
    Me.Height=7470
    Me.Width=6980
End Sub
```

new_Click()事件代码如下：

```
Private Sub new_Click()
    Dim filename As String
    Dlg1.Filter="文本文件|*.txt"
    Dlg1.InitDir="c:\"
    Dlg1.DefaultExt=".txt"
    If MsgBox("是否保存该文本文件", 4, "选择框")=vbYes Then
        Dlg1.ShowSave
        If Dlg1.filename <>"" Then
            filename=Dlg1.filename
            Open filename For Output As #1
```

```
        Print #1, Txt1.Text
            Close #1
        End If
    Else
        Txt1.Text=""
    End If
End Sub
```

open_Click()事件代码如下:

```
Private Sub open_Click()
    Dim temp As String
    Dim filename As String
    Dlg1.Filter="文本文件|*.txt"
    Dlg1.ShowOpen
    If Dlg1.filename <>"" Then
        filename=Dlg1.filename
        Open filename For Input As #1
        Do While Not EOF(1)
        Line Input #1, te
        Txt1.Text=Txt1.Text & te & vbCrLf
        Loop
        Close #1
    End If
End Sub
```

save_Click()事件代码如下:

```
Private Sub save_Click()
    Dim filename As String
    Dlg1.Filter="文本文件|*.txt"
    Dlg1.ShowSave
    If Dlg1.filename <>"" Then
        filename=Dlg1.filename
        Open filename For Output As #1
        Print #1, Txt1.Text
        Close #1
    End If
End Sub
```

copy_Click()事件代码如下:

```
Private Sub copy_Click()
    Clipboard.Clear
    Clipboard.SetText Txt1.SelText
End Sub
```

cut_Click()事件代码如下：

```
Private Sub cut_Click()
    Clipboard.Clear
    Clipboard.SetText Txt1.SelText
    Txt1.SelText=""
End Sub
```

paste_Click()事件代码如下：

```
Private Sub paste_Click()
    Txt1.SelText=Clipboard.GetText
End Sub
```

del_Click()事件代码如下：

```
Private Sub del_Click()
    Txt1.SelText=""
End Sub
```

font_Click()事件代码如下：

```
Private Sub font_Click()
    Dlg1.Flags=cdlCFBoth Or cdlCFEffects
    Dlg1.ShowFont
    On Error Resume Next
    Txt1.FontBold=Dlg1.FontBold
    Txt1.FontItalic=Dlg1.FontItalic
    Txt1.FontName=Dlg1.FontName
    Txt1.FontSize=Dlg1.FontSize
    Txt1.FontStrikethru=Dlg1.FontStrikethru
    Txt1.FontUnderline=Dlg1.FontUnderline
    Txt1.ForeColor=Dlg1.Color
End Sub
```

BgColor_Click()事件代码如下：

```
Private Sub BgColor_Click()
    Dlg1.ShowColor
    If Dlg1.Color>=0 Then
        Txt1.BackColor=Dlg1.Color
    End If
End Sub
```

Toolbar1_ButtonClick()事件代码如下：

```
Private Sub Toolbar1_ButtonClick(ByVal Button As MSComctlLib.Button)
    Select Case Button.Index
        Case 1
```

```
            Call new_Click
        Case 2
            Call open_Click
        Case 3
            Call save_Click
        Case 4
            Call copy_Click
        Case 5
            Call cut_Click
        Case 6
            Call paste_Click
        Case 7
            Call del_Click
        Case 8
            Call font_Click
        Case 9
            Call BgColor_Click
    End Select
End Sub
```

quit_Click()事件代码如下：

```
Private Sub quit_Click()
    Unload Me
End Sub
```

（5）保存窗体，运行程序，结果如图 14-9 所示。

## 本章的知识点结构

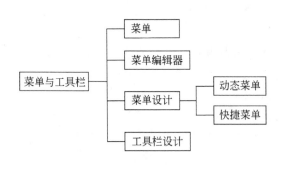

## 习　　题

1．回答下列问题：

（1）菜单、工具栏的作用是什么？

（2）菜单是由什么组成的？

（3）设计快捷菜单与下拉菜单的异同之处是什么？

（4）叙述菜单设计的主要步骤。

（5）工具栏是由哪两个控件组成的？它们的作用是什么？

2．编写程序。

（1）创建一个窗体，通过菜单控制 MP3 播放器的操作，如图 14-11 所示。

（2）创建一个窗体，通过菜单控制，对"友人通讯录"进行数据管理，如图 14-12 所示。

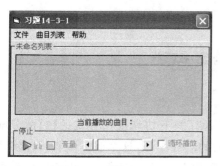

图 14-11　MP3 播放器

图 14-12　友人通讯录

# 第 15 章　API 函数

前面我们已经向大家介绍了一些开发 Visual Basic 应用程序类库和控件,但实际上如果要想开发出更灵活、更实用、更具效率,或比较复杂和具有特殊功能的应用程序,必然要使用 API 函数。

## 15.1　API 函数概述

### 1. 什么是 Windows API

Windows 操作系统是个多作业系统程序,它除了具有协调应用程式的执行、分配内存、管理系统资源等管理之外,同时也是一个很大的服务中心,这个服务中心可以实现开启视窗、描绘图形、使用周边设备等操作,而每一种服务就是一个函数。由于这些函数服务的对象是应用程式(Application),所以便称之为 Application Programming Interface,简称 API 函数。

WIN32 API 也就是 Microsoft Windows 32 位平台的应用程序编程接口。

### 2. WIN32 API 函数分类

通常将 WIN32 API 函数分为以下七大类:

(1) 窗口管理类函数:提供了一些创建和管理用户界面的方法。可以创建和使用程序界面来显示输出、提示用户进行输入以及完成其他一些与用户进行交互所需的工作。

(2) 窗口通用控制类函数:系统 Shell 提供了一些控制,使用这些控制可以使窗口具有与众不同的外观。由于这些控制是由通用控制库(COMCTL32.DLL)支持的,是操作系统的一部分,所以它们对所有的应用程序都可用。使用通用控制有助于使应用程序的用户界面与系统 Shell 及其他应用程序保持一致。

(3) Shell 特性类函数:应用程序可以使用它们来增强系统 SHELL 各方面的功能,Shell 使用一个单层结构的名字空间来组织用户关心的所有对象,包括文件、存储设备、打印机及网络资源。

(4) 图形设备接口(GDI)类函数:应用程序可以使用它们在显示器、打印机或其他设备上生成图形化的输出结果。使用GDI函数可以绘制直线、曲线、闭合图形、路径、文本以及位图图像。所绘制的图形的颜色和风格依赖于所创建的绘图对象,即画笔、笔刷和字体。你可以使用画笔来绘制直线和曲线,使用笔刷来填充闭合图形的内部,使用字体来书写文本。

（5）系统服务类函数:系统服务函数为应用程序提供了访问计算机资源以及底层操作系统特性的手段,比如访问内存、文件系统、设备、进程和线程。应用程序使用系统服务函数来管理和监视它所需要的资源。例如,应用程序可使用内存管理函数来分配和释放内存,使用进程管理和同步函数来启动和调整多个应用程序或在一个应用程序中运行的多个线程的操作。

（6）国际特性类函数:有助于我们编写国际化的应用程序,提供 Unicode 字符集和多语种支持。这些特性有助于用户编写国际化的应用程序。Unicode 字符集使用 16 位的字符值来表示计算过程中所用的字符,比如各种符号,以及很多编程语言。国家语言支持（NLS）函数可帮助用户将应用程序本地化;输入方法编辑器（IME）函数（在 Windows 亚洲版中可用）用于帮助用户输入包含 Unicode 和 DCBS 字符的文本。

（7）网络服务类函数:允许网络上的不同计算机之间的不同应用程序之间进行通信,用于在各计算机上创建和管理共享资源的连接。

网络函数允许网络上的不同计算机的应用程序之间进行通信。

网络函数用于在网络中的各计算机上创建和管理共享资源的连接,例如共享目录和网络打印机。

网络接口包括 Windows 网络函数、Windows 套接字（Socket）、NetBIOS、RAS、SNMP、Net 函数,以及网络 DDE。Windows 95 只支持这些函数中的一部分。

### 3. 什么时候应该使用 WIN32 API 函数

一般的,一个程序在以下情况才应该使用 API 函数。

（1）VB 内部函数和语句无法实现希望的功能。此时应该使用 API。因为只要在 Windows 系统下,Windows API 几乎是无所不能的。

（2）当程序对运行效率有很高要求时。因为使用 API 是直接操作 Windows 编程接口,所以执行效率比 VB 内部函数高很多。所以在此情况应该使用 API。

对于不在以上情况的,建议不要使用 API,应该用 VB 内部函数代替。原因是使用 WIN32 API 函数意味着暂时失去了 VB 的封装和保护,而且很多 API 函数繁杂的参数可能导致很多程序问题,使用 API 函数不当还可能会导致程序崩溃。

### 4. API 函数的通用格式

格式:

```
Private Declare Function 函数别名 Lib "动态链接库名" Alias "函数名"
       (参数列表) As 函数返回值类型
```

注意事项:

（1）函数返回值:是我们引用 API 的最终结果,如果函数没有返回值,其作用等同于

Sub 过程,大多数时候是完成一个操作流程。

(2) Alias 函数名:在函数声明中引入别名机制,能较方便地调用 Win32 API。

(3) Lib 动态链接库名:在调用 API 时,指明这个 API 是哪个动态链接库中的函数。

(4) Visual Basic 系统有比较方便的 API 浏览器,通常在使用 API 时,只要通过 API 浏览器找到需要的 API,该函数的相关声明和数据结构就可以直接复制到工程中,一般不必手工修改。

## 15.2　API 函数的引用

凡是在 Windows 系统环境下,所有可执行的应用程式,都能够调用 API。使用 API 函数和使用普通函数是相同的,只是其创建过程要比普通函数繁琐。通常情况下,都是通过 API 浏览器创建的。

操作步骤如下:

(1) 在 Visual Basic 系统菜单下,依次选择"外接程序"→"外接程序管理器"菜单选项,打开"外接程序管理器"窗口,如图 15-1 所示。

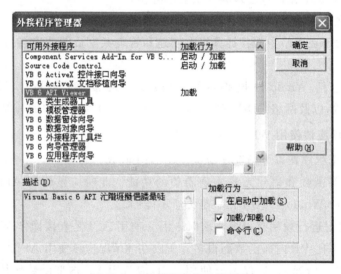

图 15-1　"外接程序管理器"窗口

(2) 在"外接程序管理器"窗口,首先,在"可用外接程序列表框"中,选择"VB 6 API Viewer"选项;然后,在"加载行为"多个复选框选中,选择"加载/卸载";最后,按"确定"按钮,关闭此窗口。

(3) 在 Visual Basic 系统菜单下,依次选择"外接程序"→"API 阅览器"菜单选项,打开"API 阅览器"窗口,如图 15-2 所示。

(4) 在"API 阅览器"窗口,依次选择"文件"→"加载文本文件"菜单选项,打开"选择一个文本 API 文件"窗口,如图 15-3 所示。

(5) 在"选择一个文本 API 文件"窗口,首先,选择加载文本文件"WIN32API.TXT",

图 15-2 "API 阅览器"窗口

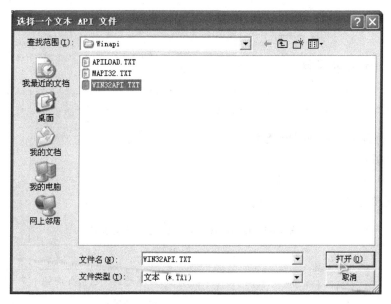

图 15-3 "选择一个文本 API 文件"窗口

然后,按"打开"按钮,返回"API 阅览器"窗口,如图 15-4 所示。

(6)在"API 阅览器"窗口,输入 API 函数名或者函数名的前几个字母,在列表中将会列出相关的 API 函数,按"添加"按钮,指定的 API 函数的声明即出现在"选定项"中。

(7)在"API 阅览器"窗口,将选定的 API 函数复制或插入到程序中即可使用。

图 15-4 "API 阅览器"窗口

## 15.3 几个常用 API 函数

### 1. GetDriveType 函数

```
Private Declare Function GetDriveType Lib "kernel32" Alias "GetDriveTypeA"
    (ByVal nDrive As String) As Long
```

功能：得到给定驱动器的类型。

参数说明：

lpRootPathName：驱动器名称，如 E：。

返回值及含义如表 15-1 所示。

表 15-1　GetDriveType 函数返回值及含义

| 值 | 含　义 |
| --- | --- |
| 0 | 该驱动器无法被探测到 |
| 1 | 根目录不存在 |
| DRIVE_REMOVABLE | 这是可移动驱动器 |
| DRIVE_FIXED | 固定磁盘 |
| DRIVE_REMOTE | 网络驱动器 |
| DRIVE_CDROM | 光驱 |
| DRIVE_RAMDISK | RAM 驱动器 |

### 2. GlobalMemoryStatus 函数

```
Private Declare Sub GlobalMemoryStatus Lib "kernel32"
    (lpBuffer As MEMORYSTATUS)
```

功能：得到内存状态。

参数说明：

lpBuffer：指向 MEMORYSTATUS 结构的指针,函数返回后,将把系统内存情况充填到 lpBuffer 里面。MEMORYSTATUS 具体情况请看 MSDN。

返回值：无。

### 3. GetVersionEx 函数

```
Private Declare Function GetVersionEx Lib "kernel32" Alias "GetVersionExA"
    (lpVersionInformation As OSVERSIONINFO) As Long
```

功能：获得当前操作系统的详细的版本信息。

参数说明：

lpVersionInformation：指向 OSVERSIONINFO 结构的指针。这个结构包含详尽的版本信息,详情请看 MSDN。

返回值：成功返回非 0,否则返回 0。

### 4. GetLocalTime 函数

```
Private Declare Sub GetLocalTime Lib "kernel32"
    (lpSystemTime As SYSTEMTIME)
```

功能：返回当前本地时间。

参数说明：

lpSystemTime：指向 SYSTEMTIME 结构的指针。SYSTEMTIME 结构里面有各个时间属性,如年月日等,详情请参阅 MSDN。

返回值：无。

### 5. CreatePolygonRgn 函数

```
Private Declare Function CreatePolygonRgn Lib "gdi32"
    (lpPoint As POINTAPI, ByVal nCount As Long, ByVal nPolyFillMode As Long)
As Long
```

功能：得到指定驱动器的类型。

参数说明：创建一个多边形。

lpPoint：指向 POINTAPI 结构的指针。这个指针实际指向一个 POINTAPI 线性表,保存各个顶点的坐标。

nCount：多边形顶点的数量。

nPolyFillMode：多边形的充填模式。

返回值：成功返回多边形句柄,否则返回 NULL。

**6. SetWindowRgn. 函数**

```
Private Declare Function SetWindowRgn Lib "user32"
(ByVal hWnd As Long, ByVal hRgn As Long, ByVal bRedraw As Boolean) As Long
```

功能：设置一个窗口的区域。

参数说明：

hWnd：窗口的句柄。

hRgn：region 的句柄。

bRedraw：重画参数。为 true,则系统自动帮你重画,否则不帮。

返回值：成功返回非 0,否则返回 0。

**7. Sleep 函数**

```
Private Declare Sub Sleep Lib "kernel32" (ByVal dwMilliseconds As Long)
```

功能：这个函数将挂起当前线程若干毫秒。通俗一点,就是使用这个函数的程序段落会"睡"上一会儿。

参数说明：

dwMilliseconds：挂起线程的时间,单位毫秒。

返回值：无。

**8. MoveFile 函数**

```
Private Declare Function MoveFile Lib "kernel32" Alias "MoveFileA"
(ByVal lpExistingFileName As String, ByVal lpNewFileName As String) As Long
```

功能：移动文件(夹),从源位置移动到一个指定的新位置。

参数说明：

lpExistingFileName：源文件名。

lpNewFileName：新文件名。

返回值：成功返回非 0,否则返回 0。

## 15.4　API 函数编程实例

以下介绍 2 个 API 函数应用例子。

### 15.4.1　限制鼠标移动边界

**例 15-1**　创建一个窗体,限制鼠标移动边界,程序运行结果如图 15-5 所示。

操作步骤如下：

(1) 窗体及控件属性参照图 15-5 设计。

(2) 打开"代码设计"窗口,输入程序代码。

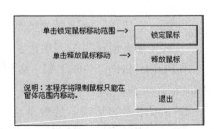

图 15-5　限制鼠标移动边界

引用的 API 函数代码如下：

```
Private Declare Function ClipCursor Lib "user32" (lpRect As Any) As Long
Private Type RECT
    Left As Long
    Top As Long
    Right As Long
    Bottom As Long
End Type
```

CmdFree_Click()事件代码如下：

```
Private Sub CmdFree_Click()
    ClipCursor vbNull                              '参数为 vbNull,释放鼠标移动权
End Sub
```

CmdLock_Click()事件代码如下：

```
Private Sub CmdLock_Click()
    Dim R As RECT
    '下面是给矩形结构赋值,让它和窗体大小一致
    '值得注意的是,应当把 VB 里默认的坐标单位 缇 换算成像素
    R.Left=Me.Left/Screen.TwipsPerPixelX
    R.Top=Me.Top/Screen.TwipsPerPixelY
    R.Right=R.Left+Me.Width/Screen.TwipsPerPixelX
    R.Bottom=R.Top+Me.Height/Screen.TwipsPerPixelX
    ClipCursor R
End Sub
```

CmdQuit_Click()事件代码如下：

```
Private Sub CmdQuit_Click()
    End
End Sub
```

（3）保存窗体,运行程序,结果如图 15-5 所示。

## 15.4.2 顶层窗口

**例 15-2** 创建一个窗体,窗口总在最前面 程序运行结果如图 15-6 所示。

操作步骤如下：

（1）窗体及控件属性参照图 15-6 设计。

（2）打开"代码设计"窗口,输入程序代码。

引用的 API 函数（SetWindowPos）代码如下：

```
Private Declare Function SetWindowPos Lib
"user32" (ByVal hwnd As Long, ByVal
```

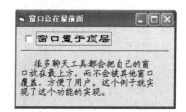

图 15-6 窗口总在最前面

```
hWndInsertAfter As Long, ByVal x As Long, ByVal y As Long, ByVal cx As Long, ByVal
cy As Long, ByVal wFlags As Long) As Long
Private Const SWP_NOMOVE= &H2
Private Const SWP_NOSIZE= &H1
Private Const HWND_NOTOPMOST=-2
Private Const HWND_TOPMOST=-1
```

ChkTop_Click()事件代码如下：

```
Private Sub ChkTop_Click()
    If ChkTop.Value Then
        Call SetWindowPos(Me.hwnd,
            HWND_TOPMOST, 0, 0, 0, 0, SWP_NOMOVE Or SWP_NOSIZE)
    Else
        Call SetWindowPos(Me.hwnd,
            HWND_NOTOPMOST, 0, 0, 0, 0, SWP_NOMOVE Or SWP_NOSIZE)
    End If
End Sub
```

（3）保存窗体，运行程序，结果如图 15-6 所示。

## 本章的知识点结构

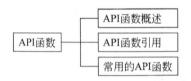

## 习　　题

1. 回答下列问题：
（1）常用的 API 函数有哪些？
（2）如何调用 API 函数？
2. 编写程序。
（1）创建一个窗体，调用关闭对话框，如图 15-7 所示。

图 15-7　调用关闭对话框

（2）创建一个窗体，动态设置一个文本框的只读属性，如图 15-8 所示。

图 15-8　设置一个文本框的只读属性

（3）创建一个窗体，禁用右上角的"关闭"按钮，如图 15-9 所示。

图 15-9　禁用右上角的"关闭"按钮

# 第 16 章　MDI 窗体

本章所介绍的 MDI 窗体内容,是当掌握了一定的程序设计能力之后所应关注的问题。

## 16.1　MDI 窗体概述

Windows 应用程序的用户界面主要有单文档界面(SDI)和多文档界面(MDI)两种。使用过 Windows 应用程序的人都知道多文档接口 MDI(multiple document interface)界面,经常使用的 Word、Access 等程序就是一种典型的多文档接口应用程序,如图 16-1 所示。

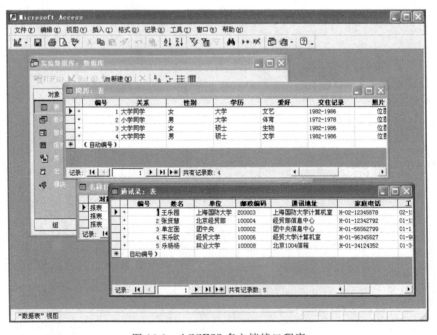

图 16-1　ACCESS 多文档接口程序

通常,多文档界面是由一个"父窗口"和多个"子窗口"构成的,"父窗口"容纳所有的"子窗口",即 MDI 窗体,"子窗口"是其 MDChild 属性为 True 的普通窗体,即 MDI 子窗体。

在多文档界面中,当"父窗口"打开时,"子窗口"随之调入内存,当"父窗口"关闭时,"子窗口"随之关闭;当"父窗口"最小化时,所有的"子窗口"也被最小化,只剩"父窗口"的图标出现在 Windows 的任务栏中。当"子窗口"最小化时,"子窗口"最小化后将以图标形式出现在"父窗口"中。

MDI 窗体有别于前面各章介绍的窗体,可以将其看成是一个"窗体容器"。因此,在 MDI 窗体中只能添加具有 Align 属性的控件(如 PictureBox),或不可见控件(如 CommonDialog、Timer),而其他控件不能直接放置在 MDI 窗体上。

## 16.2 MDI 窗体的操作

### 1. 创建 MDI 窗体

创建 MDI 窗体时实际上先要新建 MDI 窗体,再将已知的或新建的普通窗体定义为 MDI 窗体的子窗体。

操作步骤如下:

(1) 在 Visual Basic 主菜单下,依次选择"工程"→"添加 MDI 窗体"菜单选项,打开"添加 MDI 窗体"窗口。

(2) 在"添加 MDI 窗体"窗口,选择"新建 MDI 窗体",再单击"打开"按钮,便可以创建一个 MDI 窗体,如图 16-2 所示。

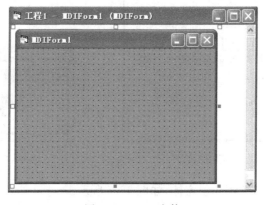

图 16-2　MDI 窗体

(3) 新建的普通窗体,或添加已有的普通窗体,并修改每一个窗体的 MDIChild 属性 (True),将普通窗体定义为 MDI 子窗体。

### 2. 使用 MDI 窗体

MDI 窗体的使用方法,一般是通过在 MDI 窗体建立菜单,利用菜单控制对 MDI 子窗体的操作。

例 16-1　创建一个 MDI 窗体,包含两个 MDI 子窗体,程序运行结果如图 16-3 所示。

操作步骤如下:

（1）设计一个 MDI 窗体，控件属性参照图 16-4。

图 16-3　记事本

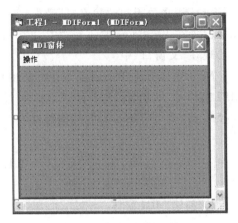

图 16-4　MDI 窗体设计

（2）利用"菜单编辑器"为 MDI 窗体设计菜单，如图 16-5 所示。

（3）设计"文字显示"MDI 子窗体，如图 16-6 所示。

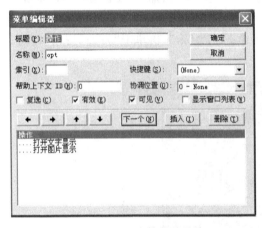

图 16-5　MDI 窗体菜单设计

图 16-6　"文字显示"窗体设计

（4）设计"图片显示"MDI 子窗体，如图 16-7 所示。

（5）打开"工程资源管理器"窗口，如图 16-8 所示。

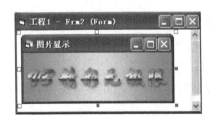

图 16-7　"图片显示"窗体设计

图 16-8　"图片显示"窗体设计

（6）打开"代码设计"窗口，定义 MDI 窗体菜单功能，输入程序代码。

open1_Click()事件代码如下：

```
Private Sub open1_Click()
    Frm1.Show
End Sub
```

Open2_Click()事件代码如下：

```
Private Sub open2_Click()
    Frm2.Show
End Sub
```

（7）保存窗体，运行程序，结果如图 16-3 所示。

## 16.3　生成可执行文件

当 Visual Basic 系统的应用程序设计完成后，为了方便管理和节省运行时间，需要将调试好的程序生成可执行文件（.EXE）。

下面通过实例来介绍生成可执行文件的过程。

**例 16-2**　将例 16.1 创建的 MDI 窗体生成可执行文件。

操作步骤如下：

（1）打开"工程"。

（2）在 Visual Basic 主菜单下，依次选择"文件"→"生成工程 1.EXE"菜单选项，打开"生成工程"窗口，如图 16-9 所示。

（3）在"生成工程"窗口，单击"选项"按钮，打开"工程属性"窗口，如图 16-10 所示。

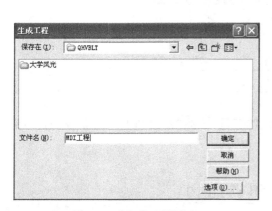

图 16-9　"生成工程"窗口

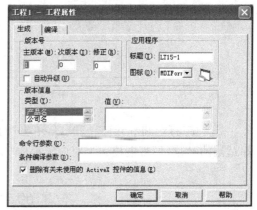

图 16-10　"工程属性"窗口

（4）在"工程属性"窗口，输入相关参数（版本号、版本信息、应用程序标题及图标），单击"确定"按钮，生成一个可执行文件。

## 16.4 创建安装文件

如果所设计的程序只是为自己所用,这一节的内容可忽略;但若想与他人共享该程序,或将其作为商业软件,创建 Visual Basic 安装文件的工作就不可能少。

下面通过实例来介绍创建 Visual Basic 安装文件的过程。

**例 16-3** 利用例 16.1 创建的 MDI 窗体,创建其安装文件。

操作步骤如下:

(1) 打开"工程"。

(2) 在 Visual Basic 主菜单下,依次选择"外部程序"→"外部程序管理器"菜单选项,打开"外部程序管理器"窗口。

(3) 在"外部程序管理器"窗口,在"外部程序"列表框选择"打包和展开向导",再单击"确定"按钮,"打包和展开向导"将被加载。

(4) 在 Visual Basic 主菜单下,依次选择"外部程序"→"打包和展开向导"菜单选项,打开"打包和展开向导"窗口,如图 16-11 所示。

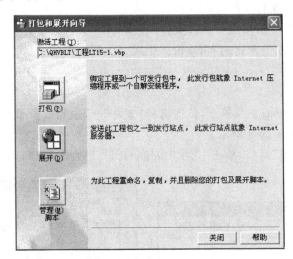

图 16-11 "打包和展开向导"

(5) 在"打包和展开向导"窗口,单击"打包"按钮,按照"打包和展开向导"的引导,选择适当的参数,便可创建一个对应工程的"安装包"。

## 本章的知识点结构

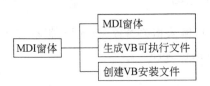

# 习 题

1. 回答下列问题：

（1）多文档界面有什么特点？

（2）MDI 窗体与 MDI 子窗体的区别是什么？

2. 编写程序。

（1）设计一个 MDI 窗体。

（2）创建一个可执行文件。

（3）创建一个程序安装文件。

# 附录 A　ASCII 字符集

| ASCII 码 | 字符 | ASCII 码 | 字符 | ASCII 码 | 字符 | ASCII 码 | 字符 |
|---|---|---|---|---|---|---|---|
| 0 | (NULL) | 24 | ?? | 48 | 0 | 72 | H |
| 1 | ?? | 25 | ?? | 49 | 1 | 73 | I |
| 2 | ?? | 26 | ?? | 50 | 2 | 74 | J |
| 3 | ?? | 27 | ?? | 51 | 3 | 75 | K |
| 4 | ?? | 28 | ?? | 52 | 4 | 76 | L |
| 5 | ?? | 29 | ?? | 53 | 5 | 77 | M |
| 6 | ?? | 30 | ?? | 54 | 6 | 78 | N |
| 7 | (beep) | 31 | ?? | 55 | 7 | 79 | O |
| 8 | (退格) | 32 | 空格 | 56 | 8 | 80 | P |
| 9 | (TAB) | 33 | ! | 57 | 9 | 81 | Q |
| 10 | (换行) | 34 | " | 58 | : | 82 | R |
| 11 | ?? | 35 | # | 59 | ; | 83 | S |
| 12 | ?? | 36 | $ | 60 | < | 84 | T |
| 13 | (回车) | 37 | % | 61 | = | 85 | U |
| 14 | ?? | 38 | & | 62 | > | 86 | V |
| 15 | ?? | 39 | ' | 63 | ? | 87 | W |
| 16 | ?? | 40 | ( | 64 | @ | 88 | X |
| 17 | ?? | 41 | ) | 65 | A | 89 | Y |
| 18 | ?? | 42 | * | 66 | B | 90 | Z |
| 19 | ?? | 43 | + | 67 | C | 91 | [ |
| 20 | ?? | 44 | , | 68 | D | 92 | \ |
| 21 | ?? | 45 | — | 69 | E | 93 | ] |
| 22 | ?? | 46 | . | 70 | F | 94 | ˆ |
| 23 | ?? | 47 | / | 71 | G | 95 | — |

续表

| ASCII 码 | 字符 | ASCII 码 | 字符 | ASCII 码 | 字符 | ASCII 码 | 字符 |
|---|---|---|---|---|---|---|---|
| 96 | ` | 104 | h | 112 | p | 120 | x |
| 97 | a | 105 | i | 113 | q | 121 | y |
| 98 | b | 106 | j | 114 | r | 122 | z |
| 99 | c | 107 | k | 115 | s | 123 | { |
| 100 | d | 108 | L | 116 | t | 124 | | |
| 101 | e | 109 | m | 117 | u | 125 | } |
| 102 | f | 110 | n | 118 | v | 126 | ~ |
| 103 | g | 111 | o | 119 | w | 127 | ?? |

# 附 录 B  常 用 属 性

| 属　　性 | 说　　明 |
|---|---|
| Action | 设置要被显示的通用对话框的类型 |
| ActiveControl | 返回当前控件 |
| ActiveForm | 返回当前窗体 |
| Align | 返回或设置对象在窗体中的位置或决定能否自动调整尺寸以适应窗体宽度的变化 |
| Aglignment | 设置单选或多选框的对齐方式,或文本的对齐方式 |
| Auto3D | 设置窗体上的控件是否在程序运行期间以三维立体效果显示 |
| AutoRedraw | 设置控制对象是否刷新或重画 |
| AutoSize | 设置控制对象是否自动调整大小以适应所包含的内容 |
| BackColor | 返回或设置对象的背景颜色 |
| BorderColor | 返回或设置对象的边框颜色 |
| BorderStyle | 返回或设置对象的边框风格 |
| Borderwidth | 返回或设置对象的边框宽度 |
| Cancel | 返回或设置某个命令按钮是否为"取消"按钮 |
| Caption | 设置对象的标题 |
| Checked | 返回或设置菜单项后是否有一个用户标记 |
| ClipControls | 返回或设置 Paint 事件中的图形方法是重绘整个对象,还是只绘刚刚露出的区域 |
| Color | 返回或设置对象的颜色 |
| Columns | 决定列表框控件中水平显示的列数及各列中项目的显示方式 |
| ControlBox | 返回或设置窗体是否有控制钮 |
| Copies | 返回或设置打印副本的数量 |
| Count | 返回指定集合中对象的数目 |
| CurrentX | 返回或设置下一次显示或绘图方法的 X 坐标 |
| CurrentY | 返回或设置下一次显示或绘图方法的 Y 坐标 |
| DataBase | 返回一个对 Data 控件中数据库对象的引用值 |

续表

| 属　　　性 | 说　　　明 |
|---|---|
| DataseName | 返回或设置 Data 控件的数据源的名称及位置 |
| DataChanged | 返回或设置绑定控件中的数据是否已改变 |
| DataFeld | 返回或设置连接数据表当前记录中某字段上的值 |
| DataSource | 设置当前控件与数据库绑定的 Data 控件 |
| Default | 返回或设置窗体中某个命令按钮是否为默认命令按钮 |
| DefaultCancel | 返回或设置控件是否能作为一个标准命令按钮 |
| DiaglogTitle | 返回或设置在对话框标题栏中显示的字符串 |
| DragMode | 返回或设置在拖放操作中所用的是手动还是自动拖动方式 |
| DrawMode | 返回或设置绘图时图形线条的产生方式及线形控件和开关控件的外观 |
| DragIco | 返回或设置拖放操作时的鼠标指针的图标类型 |
| DrawStyle | 返回或设置画线的线型 |
| DrawWidth | 设置画线的宽度 |
| Drive | 返回或设置所选择的驱动器 |
| Enabled | 返回或设置对象是否可用 |
| FileCount | 返回与指定组件相关的文件的数目 |
| FileName | 返回或设置选定文件的路径和名称 |
| FileNumber | 指定文件号 |
| FileTitle | 返回某个被打开或被储存的文件的名称(不包括路径) |
| FillColor | 返回或设置填充的颜色 |
| FillStyle | 返回或设置某个几何控件的图案或式样 |
| Flags | 返回或设置指定对话框的选项 |
| FontBold | 返回或设置指定对象的字体是否加粗 |
| FontItalic | 返回或设置字体为斜体式样 |
| FontName | 返回或设置字体名称 |
| Font | 返回一个字体对象 |
| FontSize | 返回或设置字体大小 |
| Fontstrikethru | 返回或设置字体是否加中划线 |
| FontTransparent | 返回或设置字体与背景是否叠加 |
| FontUnderline | 返回或设置指定对象中的字体是否加下划线 |
| ForeColor | 返回或设置指定对象的前景色 |
| FromPage | 返回或设置打印对话框中的开始页 |

续表

| 属　　性 | 说　　明 |
|---|---|
| Height | 返回或设置对象的高度 |
| HelpCommand | 返回或设置联机帮助类型 |
| HelpContext | 返回或设置指定控件中某个帮助题目的上下文识别代码 |
| HelpContextID | 返回或设置对象与帮助文件上下文连接的识别代码 |
| HelpFile | 在应用程序中调用 Help 文件 |
| Hidden | 返回或设置文件列表框中是否显示 ffidden 文件(隐含文件) |
| HideSelection | 设置当控制转移到其他控件时,文本框中选中的文本是否仍高亮度显示 |
| Ico | 设置窗体显示的图标 |
| Index | 返回或设置控件数组中的控件的下标 |
| InitDir | 返回或设置初始化目录 |
| Interval | 设置计时器操作的时间间隔 |
| ItemData | 返回或设置组合框或列表框控件中每个项目具体的编号 |
| KeyPreview | 返回或设置窗体、控件预先接到键盘事件 |
| LargeChange | 滚动滑块在滚动条内变化的最大值 |
| Lbound | 返回控件数组中控件的最低序数 |
| Left | 返回或设置对象与其容器对象的左边界之间的距离 |
| List | 返回或设置列表框和组合框中的当前项目 |
| ListCount | 返回列表框和组合框中项目的个数 |
| ListIndex | 返回或设置某个控件中当前选择项的序号 |
| Max | 返回或设置流动条的最大值 |
| MaxButton | 返回或设置窗体是否具有"最大化"按钮 |
| MaxFilesize | 返回或设置通用对话框打开的文件的大小 |
| MDIChild | 返回或设置窗体是否是 MDI 窗体 |
| Min | 返回或设置滚动条的最小值 |
| MinButton | 返回或设置窗体是否具有"最小化"按钮 |
| MouseIcon | 返回或设置自定义的鼠标图标 |
| MousePointer | 设置鼠标指针的形状 |
| MultiLine | 返回或设置文本框控件是否能够接受和显示多行文本 |
| MultiSelect | 设置文件列表框或列表框为多项选择 |
| Name | 返回指定对象名称 |
| NegotisteMenus | 设置窗体及其上的控件是否共享一个菜单栏 |

续表

| 属 性 | 说 明 |
|---|---|
| Normal | 返回或设置文件列表框是否含有普通文件 |
| Page | 指定打印机当前的页号 |
| Parent | 返回控件所在窗体 |
| PasswordChar | 返回或设置文本框是否用于输入掩码 |
| Path | 返回或设置当前路径 |
| Pattern | 返回或设置文件列表框中将要显示的文件类型 |
| Picture | 返回或设置指定控件中显示的图形文件 |
| Readonly | 设置文本框、文件列表框和数据控件是否能被编辑 |
| ScaleLeft | 返回或设置对象左边的水平起点坐标 |
| ScaleMode | 返回或设置对象坐标的度量单位 |
| ScaleWidth | 返回或设置对象内部自定义坐标系的水平度量单位 |
| ScaleTop | 退回或设置对象上边界的垂直起点坐标 |
| ScrollBars | 返回或设置对象是否具有水平或垂直滚动条 |
| Selected | 返回或设置文件列表框内项目的选择状态 |
| SelLength | 返回或设置所选文本的长度 |
| SelLength | 返回或设置所选文本的长度 |
| Selstart | 返回或设置所选文本的起点 |
| SelText | 返回或设置所选文本字符串 |
| Shape | 返回或设置形状控件的外观 |
| Shortcut | 设置为 Menu 对象指定一个快捷键 |
| Size | 返回或设置指定 Font 对象的字体尺寸 |
| SmallChange | 设置滚动条最小变化值 |
| Sorted | 返回或设置列表框中各列表项在程序运行时是否自动排序 |
| Stretch | 返回或设置某图形是否能改变尺寸以适应图像框的大小 |
| Style | 返回或设置组合框的类型和显示方式 |
| System | 设置文件列表框是否显示系统文件 |
| TabIndex | 返回或设置控件的选取顺序 |
| TabStop | 设置用 Tab 键移动光标时是否对某个控件轮空 |
| Tag | 设置控件的别名 |
| Text | 设置文本框中显示的内容,或组合框中输入区接收用户输入的内容 |
| Tile | 返回或设置应用程序的标题 |

续表

| 属　　性 | 说　　明 |
|---|---|
| ToolTipText | 返回或设置某个工具提示的文本字符串 |
| Top | 设置控件与其容器对象的顶部边界的距离 |
| ToPage | 返回或设置打印对话框中的结束页 |
| TopIndex | 设置和返回显示在列表框或文件列表框顶部的项目 |
| TwipsperPixelX | 返回某对象中每个像素的水平 Twip 值 |
| TwipsPerPixelY | 返回某对象中每个像素的垂直 Twip 值 |
| Ubound | 返回控件数组中控件的最高序数 |
| Underline | 返回或设置 Font 对象中某种字体的下划线式样 |
| Value | 返回或设置滚动条当前所在位置,或单选按钮和多选框控件的状态等 |
| Visible | 返回或设置对象是否可见 |
| Weight | 返回或设置 Font 对象的字体重量(磅) |
| Width | 返回或设置对象的宽度 |
| WindowsState | 设置运行时窗体的显示状态 |
| WordWarp | 设置标签框中显示的内容是否自动换行 |
| X1,Y1,X2,Y2 | 设置或返回 Line 控件所绘制的直线的起点和终点的坐标 |
| Zoom | 返回或设置一个数值,用于代表被显示或打印的数据放大或缩小的百分比 |

# 附录 C   常 用 事 件

| 事 件 | 功 能 |
|---|---|
| Activate | 当一个对象成为活动窗口触发事件 |
| ButtonClick | 当单击 Toolbar 控件内的 Button 对象触发事件 |
| Change | 当某个控件的内容被用户或程序代码改变触发事件 |
| Click | 当用鼠标单击某个对象触发事件 |
| Dbclick | 当用鼠标双击某个对象触发事件 |
| Deactivate | 当一个对象不再是活动窗口触发事件 |
| DownClick | 单击向下或向左箭头按钮时,此事件发生 |
| DragDrop | 当在窗体上用鼠标拖动一个控件然后放开触发事件 |
| DragOver | 当对象被拖动并越过另一个控件触发事件 |
| DragDron | ComboBox 控件的列表部分正要被放下触发事件(Style 属性设置为 1,此事件不会发生) |
| ExitFocus | 当焦点离开对象时,发生该事件 |
| GotFocus | 当对象获得焦点时,发生该事件 |
| Hide | 当对象的 Visible 属性变为 False 时,发生该事件 |
| ItemCheck | 当 ListBox 控件的 Style 属性设置为 1(复选框),并且 ListBox 控件中一个项目的复选框被选定或者被清除时,发生该事件 |
| KeyDown | 当一个对象具有焦点时按下键盘的一个键触发事件 |
| KeyPress | 在键盘上按下并松开键盘上一个键触发事件 |
| KeyUp | 当一个对象具有焦点时释放一个键触发事件 |
| Load | 当窗体被装载触发事件 |
| LostFocus | 当对象失去焦点触发事件 |
| MouseDown | 当按下鼠标按钮触发事件 |
| MouseMove | 当移动鼠标触发事件 |
| MouseUp | 当释放鼠标按钮触发事件 |

续表

| 事　　件 | 功　　能 |
|---|---|
| Paint | 在一个对象被移动或放大之后,或在一个覆盖该对象的窗体被移开之后,该对象部分或全部暴露时,此事件触发事件,该事件在 AutoRedraw 属性设置为 True 不触发事件 |
| PathChange | 当用户指定新的 FileName 属性或 Path 属性,从而改变了路径触发事件 |
| PatternChange | 当文件的列表样式,通过 FileName 或 Path 属性的设置所改变触发事件 |
| QueryUnload | 在窗体关闭,或应用程序结束之前触发事件 |
| Resize | 当对象第一次显示,或尺寸发生变化触发事件 |
| Scroll | 当用户用鼠标在滚动条内拖动滚动框触发事件 |
| SelChange | RichTextBox 控件中当前文本的选择发生改变,或插入点发生变化触发事件 |
| Show | 当对象的 Visible 属性变为 True 触发事件 |
| Timer | 在计时器控件中,用 Interval 属性所预定的时间间隔过去之后触发事件 |
| TimeChanged | 当应用程序或"控制面板"改变系统时间触发事件 |
| Unload | 当窗体从屏幕上删除触发事件 |

# 附录 D　常用方法

| 方　　法 | 功　　能 |
| --- | --- |
| Activate | 该方法可激活工程窗口中当前选中的部件,如同双击它一样 |
| AddItem | 将一个项目添加到列表框或组合框中 |
| Circle | 在指定的对象上绘制圆、椭圆和圆弧 |
| Clear | 清除列表框、组合框或系统剪贴板上的内容 |
| Cls | 清除窗体或图片上由 Print 方法及绘图方法所显示的文本信息和图形 |
| Drag | 开始、结束或消除某个控件的拖动操作 |
| EndDoc | 结束文件打印 |
| GetData | 从剪贴板对象中拷贝一个图形 |
| GetText | 从剪贴板对象中返回一个文本字符串 |
| Hide | 用以隐藏 MDIForm 或 Form 对象,但不能使其卸载 |
| Line | 在窗体或图片框对象上画直线和矩形 |
| LoadFile | 向 RichTextBox 控件加载一个.Rtf 文件或文本文件 |
| Move | 移动窗体或控件并可改变其大小 |
| NewPage | 结束当前页的打印,命令打印机输纸并进入新的一页 |
| Point | 以长整数的形式返回在窗体或图片框中某点的红、绿、蓝(RGB)组合颜色 |
| Print | 在窗体、图片框、打印机或调试窗口上输出文本信息 |
| PrintForm | 将窗体上的内容送往打印机打印 |
| Pset | 在指定对象上绘制一个点 |
| Quit | 退出 Visual Basic |
| Refresh | 强制全部重绘一个窗体或控件的全部 |
| Remove | 从集合中删去一个项目 |
| RemoveItem | 从列表框或组合框中移去一个项目 |
| Scale | 定义一个用户自己的坐标系统 |
| SetData | 按指定的格式将图片放到剪贴板上 |

续表

| 方　　法 | 功　　能 |
|---|---|
| Setfocus | 将焦点移到指定的对象上 |
| SetText | 按指定的格式把文本字符串放到剪贴板上 |
| Show | 显示指定的窗体或其他对象 |
| ShowColor | 显示通用对话框控件的颜色对话框 |
| ShowFont | 显示通用对话框控件的字体对话框 |
| ShowOpen | 显示通用对话框控件的打开文件对话框 |
| ShowPrinter | 显示通用对话框控件的打印对话框 |
| TextHeigh/TextWidth | 返回对象显示的文本字符串的高度(宽度) |

# 附录 E 内部函数

| 函数名 | 函 数 作 用 | 语 法 结 构 |
|---|---|---|
| CreateObject | 创建对 ActiveX 对象的引用 | CreateObject(class) |
| GetObject | 返回对 ActiveX 对象的引用 | GetObject([pathname] [,class]) |
| Array | 返回一个包含数组的 Variant | Array(arglist) |
| LBound | 返回数组维可用的最小下标 | LBound(arrayname[,dimension]) |
| Ubound | 返回数组维可用的最大下标 | Ubound(arrayname[,dimension]) |
| Asc | 返回字符串首字母的字符代码 | Asc(string) |
| Val | 将字符类型的数据转换成数值类型 | Val(string) |
| CurDir | 返回当前的路径 | CurDir[(drive)] |
| Dir | 返回文件名、目录名,或文件夹名 | Dir[(pathname[,attributes])] |
| FileDateTime | 返回文件创建、修改后的日期和时间 | FileDateTime(pathname) |
| FileLen | 返回文件的长度,单位是字节 | FileLen(pathname) |
| GetAttr | 返回文件、目录或文件夹的属性 | GetAttr(pathname) |
| EOF | 测试文件的结尾 | EOF(filenumer) |
| FileAttr | 返回打开文件的文件方式 | FileAttr(filenumber,returntype) |
| FreeFile | 返回使用的文件号 | FreeFile[(rangenumber)] |
| Input | 返回打开的文件中的字符 | Input(number,[#]filenumber) |
| ₿ Loc | 返回打开文件当前读写位置 | Loc(filenumber) |
| LOF | 返回打开文件的大小,以字节为单位 | LOF(filenumber) |
| Seek | 返回打开文件当前的读写位置 | Seek(filenumber) |
| QBColor | 返回对应颜色值的 RGB 颜色码 | QBColor(color) |
| RGB | 返回表示一个 RGB 颜色值 | RGB(red,green,blue) |
| IsArray | 返回变量是否为一个数组 | IsArray(varname) |
| IsDate | 返回表达式是否可以转换成日期 | IsDate(expression) |
| IsEmpty | 返回变量是否已经初始化 | IsEmpty(expression) |

续表

| 函 数 名 | 函 数 作 用 | 语 法 结 构 |
|---|---|---|
| IsError | 返回表达式是否为一个错误值 | IsError(expression) |
| IsMissing | 返回参数是否已经传递给过程 | Ismissing(argname) |
| IsNull | 返回表达式是否不包含任何有效数 | IsNull(expression) |
| IsNumeric | 返回表达式的运算结果是否为数值 | IsNumeric(expression) |
| IsObject | 返回标识符是否表示对象变量 | IsObject(identifier) |
| Abs | 返回参数的绝对值 | Abs(number) |
| Atn | 返回参数的反正切值 | Atn(number) |
| Cos | 返回参数的余弦值 | Cos(number) |
| Exp | 返回参数的 e 的幂 | Exp(number) |
| Int、Fix | 返回参数的整数部分 | Int(number) Fix(number) |
| Log | 返回参数的自然对数值 | Log(number) |
| Rnd | 返回一个随机数 | Rnd[(number)] |
| Sgn | 返回参数的正负号 | Sgn(number) |
| Sin | 返回参数的正弦值 | Sin(number) |
| Sqr | 返回参数的平方根 | Sqr(number) |
| Tan | 返回参数的正切值 | Tan(number) |
| Format | 用于格式表达式的指令来格式化 | Format(expression[,format[, firstdayofweek[,firstweekofyear]]]) |
| Tab | 与 Print♯语句或 Print 方法一起使用,对输出进行定位 | Tab[(n)] |
| Spc | 与 Print♯语句或 Print 方法一起使用,对输入进行定位 | Spc(n) |
| Instr | 返回一个字符串在另一字符串中最先出现的位置 | InStr([start,]String1,string2[,compare]) |
| LCase | 将字符串中字符转成小写 | LCase(string) |
| Left | 返回字符串中从左边算起指定数量的字符 | Left(string,length) |
| Len | 返回字符串内字符的数目 | Len(string\|varname) |
| LTrim、 | 返回没有前导空白字符串 | LTrim(string) |
| RTrim | 返回没有尾随空白字符串 | Rtrim(string) |
| Trim | 返回没有前导和尾随空白字符串 | Trim(string) |
| Mid | 返回字符串中指定数量的字符 | Mid(string,start[,length]) |
| Right | 返回字符串右边取出的指定数量字符 | Right(string,length) |
| Space | 返回特定数目的空格 | Space(number) |

续表

| 函 数 名 | 函 数 作 用 | 语 法 结 构 |
| --- | --- | --- |
| Str | 将数值类型的数据转换成字符类型 | Str(number) |
| StrComp | 返回字符串比较的结果 | StrComp(String1,string2[,compare]) |
| String | 返回指定长度重复字符的字符串 | String(number,character) |
| UCase | 将字符串中字符转成大写 | UCase(string) |
| Date | 返回系统日期 | Date |
| DateAdd | 返回一个日期加上了一段时间间隔的时间 | DateAdd(interval,number,date) |
| DateDiff | 返回指定日期间的时间间隔数 | DateDiff(interval,date1,date2[,firstdayofweek[,firstweekofyear]]) |
| DatePart | 返回已知日期的指定时间部分 | DatePart(interval,date[,firstdayofweek[,firstweekofyear]]) |
| DateSerial | 返回年、月、日的时间 | DateSerial(year,month,day) |
| DateValue | 返回一个 Variant(Date) | DateValue(date) |
| Day | 返回表示某月中的某一日 | Day(date) |
| Hour | 返回表示某天之中的某一钟点 | Hour(time) |
| Minute | 返回表示某时中的某分钟 | Minute(time) |
| Month | 返回表示某年中的某月 | Month(date) |
| Now | 返回计算机系统设置的日期和时间 | Now |
| Second | 返回表示某分钟之中的某个秒 | Second(time) |
| Time 函数 | 设置系统时间 | Time |
| Time 语句 | 返回代表从午夜开始到当前时间经过的秒数 | Time＝time |
| TimeSerial | 返回具有具体时、分、秒的时间 | TimeSerial(hour,minute,second) |
| Weekday | 返回代表某个日期是星期几 | Weekday(date,[firstdayofweek]) |
| Year | 返回表示年份的整数 | Year(date) |
| Error | 返回对应于已知错误号的错误信息 | Error[(errornumber)] |
| IIf | 根据表达式的值,来执行两部分中的一个 | IIf(expr,truepart,falsepart) |
| InputBox | 在一对话框中显示提示,等待用户输入正文或按下按钮 | InputBox(prompt[,title][,default][,xpos][,ypos][,helpfile,context]) |
| MsgBox | 在对话框中显示消息,等待用户单击按钮,并返回一个 Integer 告诉用户单击哪一个按钮 | MsgBox(prompt[,buttons][,title][,helpfile,context]) |
| Shell | 执行一个可执行文件,如果成功的话,代表这个程序的任务 ID,若不成功,则会返回 0 | Shell(pathname[,windowstyle]) |

| 函数名 | 函 数 作 用 | 语 法 结 构 |
|---|---|---|
| Swith | 计算一组表达式列表的值,然后返回与表达式列表中最先为 True 的表达式所相关的 Variant 数值或表达式 | Switch(expr-1,value-1[,expr-2, value-2 * [,expr-n,value-n]]) |
| TypeName | 返回一个 String,提供有关变量的信息 | TypeName(varname) |
| VarType | 返回一个 Integer,指出变量的子类型 | VarType(varname) |

# 附录 F  常见错误信息

| 代码 | 说　明 | 代码 | 说　明 |
|---|---|---|---|
| 3 | 没有返回的 GoSub | 70 | 没有访问权限 |
| 5 | 无效的过程调用 | 71 | 磁盘尚未就绪 |
| 6 | 溢出 | 74 | 不能用其他磁盘机重命名 |
| 7 | 内存不足 | 75 | 路径/文件访问错误 |
| 9 | 数组索引超出范围 | 76 | 找不到路径 |
| 10 | 此数组为固定的或暂时锁定 | 91 | 尚未设置对象变量或 With 区块变量 |
| 11 | 除以零 | 92 | For 循环没有被初始化 |
| 13 | 类型不符合 | 93 | 无效的模式字符串 |
| 14 | 字符串空间不足 | 94 | Null 的使用无效 |
| 16 | 表达式太复杂 | 97 | 不能在对象上调用 Friend 过程,该对象不是定义类的实例 |
| 17 | 不能完成所要求的操作 | 298 | 系统 DLL 不能被加载 |
| 18 | 发生用户中断 | 320 | 在指定的文件中不能使用字符设备名 |
| 20 | 没有恢复的错误 | 321 | 无效的文件格式 |
| 28 | 堆栈空间不足 | 322 | 不能建立必要的临时文件 |
| 35 | 没有定义子程序、函数或属性 | 325 | 源文件中有无效的格式 |
| 47 | DLL 应用程序的客户端过多 | 327 | 未找到命名的数据值 |
| 48 | 装入 DLL 时发生错误 | 328 | 非法参数,不能写入数组 |
| 49 | DLL 调用规格错误 | 335 | 不能访问系统注册表 |
| 51 | 内部错误 | 336 | ActiveX 部件不能正确注册 |
| 52 | 错误的文件名或数目 | 337 | 未找到 ActiveX 部件 |
| 53 | 文件找不到 | 338 | ActiveX 部件不能正确运行 |
| 54 | 错误的文件方式 | 360 | 对象已经加载 |
| 55 | 文件已打开 | 361 | 不能加载或卸载该对象 |

续表

| 代码 | 说　　明 | 代码 | 说　　明 |
|---|---|---|---|
| 57 | I/O 设备错误 | 363 | 未找到指定的 ActiveX 控件 |
| 58 | 文件已经存在 | 364 | 对象未卸载 |
| 59 | 记录的长度错误 | 365 | 在该上下文中不能卸载 |
| 61 | 磁盘已满 | 368 | 指定文件过时。该程序要求较新版本 |
| 62 | 输入已超过文件结尾 | 371 | 指定的对象不能用作供显示的所有窗体 |
| 63 | 记录的个数错误 | 380 | 属性值无效 |
| 381 | 无效的属性数组索引 | 453 | 找不到指定的 DLL 函数 |
| 382 | 属性设置不能在运行时完成 | 454 | 找不到源代码 |
| 383 | 属性设置不能用于只读属性 | 452 | 序数无效 |
| 385 | 需要属性数组索引 | 455 | 代码源锁定错误 |
| 387 | 属性设置不允许 | 457 | 此键已经与集合对象中的某元素相关 |
| 393 | 属性的取得不能在运行时完成 | 458 | 变量使用的形态是 Visual Basic 不支持的 |
| 394 | 属性的取得不能用于只写属性 | 459 | 此部件不支持事件 |
| 400 | 窗体已显示,不能显示为模式窗体 | 460 | 剪贴板格式无效 |
| 402 | 代码必须先关闭顶端模式窗体 | 462 | 远程服务器机器不存在或不可用 |
| 419 | 允许使用否定的对象 | 463 | 类未在本地机器上注册 |
| 422 | 找不到属性 | 480 | 不能创建 AutoRedraw 图像 |
| 423 | 找不到属性或方法 | 481 | 无效图片 |
| 424 | 需要对象 | 483 | 打印驱动不支持指定的属性 |
| 425 | 无效的对象使用 | 484 | 从系统得到打印机信息时出错。确保正确设置了打印机 |
| 429 | ActiveX 部件不能建立或返回此对此对象的引用 | 485 | 无效的图片类型 |
| 430 | 类不支持自动操作 | 486 | 不能用这种类型的打印机打印窗体图像 |
| 432 | 在自动操作期间找不到文件或类名 | 520 | 不能清空剪贴板 |
| 438 | 对象不支持此属性或方法 | 521 | 不能打开剪贴板 |
| 440 | 自动操作错误 | 735 | 不能将文件保存至 TEMP 目录 |
| 442 | 连接到形态程序库或对象程序库的远程处理已经丢失 | 744 | 找不到要搜寻的文本 |
| 443 | 自动操作对象没有默认值 | 746 | 取代数据过长 |
| 445 | 对象不支持此动作 | 31001 | 内存溢出 |
| 446 | 对象不支持指定参数 | 31004 | 无对象 |

续表

| 代码 | 说　明 | 代码 | 说　明 |
|------|--------|--------|--------|
| 447 | 对象不支持当前的位置设置 | 31018 | 未设置类 |
| 448 | 找不到指定参数 | 31027 | 不能激活对象 |
| 449 | 参数无选择性或无效的属性设置 | 31032 | 不能创建内嵌对象 |
| 450 | 参数的个数错误或无效的属性设置 | 31036 | 存储到文件时出错 |
| 451 | 对象不是集合对象 | 31037 | 从文件读出时出错 |

# 参 考 文 献

[1]　陈锐,俞磊,刘劲. Visual Basic 多功能教材. 北京：电子工业出版社,2012.

[2]　乔宇峰. Visual Basic.NET 控件设计示例导学. 北京：北京科海出版社，2003.

[3]　[美] Bob Reselman，Richard Peasley. 实用 Visual Basic 6 教程. 北京：清华大学出版社，2002.